室内设计（第3版）

马　澜　编著

清華大学出版社
北　京

内 容 简 介

本书是作者十几年来从事室内设计教学与设计的经验总结，以深入浅出的论述方法对室内设计做了全方位的探讨，为推动室内设计实践教学提供了全面的理论基础与实践经验。

全书共分为8章，内容涉及室内设计的概念、设计沿革、设计原则、人体工程学、空间设计、色彩设计、家具设计、照明设计、陈设设计及室内设计的方法与表现等。各章均以案例为引导，强调设计的系统性和设计思维的多元性，还配有复习思考题，力图巩固读者的学习效果，提高学习效率。

本书兼顾了专业与普及两个层面的读者群，受众面广，不仅可作为室内设计本、专科学生的教材，同时也可作为室内设计工作者与爱好者的首选用书。

图书在版编目(CIP)数据

室内设计/马澜编著. —3版. —北京：清华大学出版社，2021.1(2024.12重印)

ISBN 978-7-302-56824-7

Ⅰ. ①室… Ⅱ. ①马… Ⅲ. ①室内装饰设计 Ⅳ. ①TU238.2

中国版本图书馆CIP数据核字(2020)第217418号

责任编辑：孙晓红

装帧设计：李　坤

责任校对：王明明

责任印制：丛怀宇

出版发行：清华大学出版社

网　　址：https://www.tup.com.cn, https://www.wqxuetang.com

地　　址：北京清华大学学研大厦A座　　**邮　　编**：100084

社 总 机：010-83470000　　**邮　　购**：010-62786544

投稿与读者服务：010-62776969, c-service@tup.tsinghua.edu.cn

质量反馈：010-62772015, zhiliang@tup.tsinghua.edu.cn

印 装 者：三河市君旺印务有限公司

经　　销：全国新华书店

开　　本：190mm × 260mm　　**印　　张**：15.25　　**字　　数**：370千字

版　　次：2012年10月第1版　2021年1月第3版　　**印　　次**：2024年12月第5次印刷

定　　价：68.90元

产品编号：086500-02

Foreword 序

我国最早的室内设计专业教育始于20世纪50年代中央工艺美术学院“室内装饰”专业。20世纪80年代末“室内设计”专业范围拓宽为“环境艺术设计”专业，其内涵包括建筑内部空间的“室内环境艺术设计”和外部空间的“景观环境艺术设计”两大部分。这种专业的扩展，从人才培养与知识系统方面来讲，无疑对学生是有益的。“大思维、大设计”的宏观观念是创新意识的前提，在专业范围或人生规划上都是很重要的，同时也可避免单一的狭隘的专业知识的束缚，使学习者能够在未来的社会生活中灵活地适应不同的工作与生活。当然“高瞻远瞩”还须“脚踏实地”，这就是宏观与微观的辩证关系，有了开阔的视野、正确的思想，还必须落实到具体的实践中。

室内设计是环境艺术设计中重要的内容。从理论上讲，室内设计是建筑设计的继续与深化，它与建筑设计既有连续性，也有相应的独立性系统，在某种情况下室内设计是建筑内部空间的“再创造”设计。室内设计本身包含着十分复杂而具体的内容，它是一项综合了多学科知识的系统工程。从大的设计原则上讲，“功能、技术手段、形式”只是一个笼统的概念，但从方案到实施的过程中，所涉及的内容与知识则是多个学科的交叉与融合，包括经济、政治、材料、构造、技术、生态、行为与心理、文化与艺术等。因此，当今的“室内设计”早已超越了“室内装饰”的概念。面对不同的建筑空间与不同的功能要求，以何种技术手段实现更为经济与科学，以何种艺术形式的创造更能有效地协调各个因素之间的关系，众多方面的问题都是彼此关联的。因此，设计师只有自始至终宏观、整体、系统地进行分析与思考，把握整体与局部、宏观与微观，达到完美和谐统一的构成，才能做出优秀的室内设计。

随着社会的发展，新的技术、新的材料不断出现，促使人们的生活方式不断地发生变化，室内设计的内容也越加丰富，同时对室内设计师提出了更新的研究课题，使室内设计教学内容与知识结构方面也发生了相应的改变。

马澜老师从事高等学校艺术设计专业教学多年，不但出版过教材，而且发表过多篇论文，更有设计实践经验，这对室内设计教材的编写都是很有益的，不仅能够理论联系实际，而且避免理论上的空洞。本书内容丰富全面，系统性较强，严谨缜密，循序渐进，通俗易懂，对于学生掌握基础理论知识、设计方法程序及综合系统思考等方面都是十分有价值的。

中国科学院院士、原华中科技大学校长杨叔子曾提出：“百年大计，人才为本；人才大计，教育为本；教育大计，教师为本；教师大计，教学为本；教学大计，教材为本。”在此愿我国艺术设计类专业教材建设丰富多彩，各具特征，以促进具有中国特色的艺术设计教育的蓬勃发展。

天津大学建筑学院教授、博士生导师

Preface 前言

如今，大众对室内设计的要求早已不只是对使用功能的简单要求，而是更多地体现在对文化内涵、艺术、审美的个性追求上。这无疑极大地促进了室内设计行业的发展。巨大的市场需求为室内设计企业的成长与壮大提供了沃土，与此同时，室内设计的教育领域也出现了前所未有的发展势头。如今，许多艺术院校都开设了室内设计专业，社会上也出现了各种形式的室内设计培训班。为此，编者根据多年的教学与实践经验编写了本书。

室内设计是指根据建筑物的使用性质、所处环境和相应标准，运用物质技术手段和建筑美学原理，创造出舒适优美、功能合理的内部空间，从而满足人们物质和精神生活的需要。编者针对我国的室内设计教育现状和当前室内设计的发展趋势，结合实际的教学心得和实践经验，系统地讲述了室内设计的内容与分类、原则与方法、依据与要求，强调了基础理论对完成室内设计的指导作用。

本书对室内设计的历程进行了梳理和总结，旨在培养学生的艺术修养与审美创新能力。

本书以循序渐进、由浅入深为原则，力求以准确与科学的文字进行表述，尽量用理性和科学的态度取代感性和随意性。

本书各章都对学习要点和目标进行了概括和总结，并以案例作为引导对本章内容进行了叙述与讲解。各章配有“复习思考题”和“课堂实训”，这为系统地掌握所学知识提供了方便。

本书结合了大量新颖且具有代表性的设计图例，不仅具体地介绍了室内空间设计、界面设计、色彩设计、家具设计、照明设计、室内陈设设计，还对室内设计的方法与表现进行了讲解。全书力图以全面、系统的框架阐述室内设计的原理和相关知识。本书既可作为室内设计专业、环境艺术设计专业和装潢设计专业的教材，也可作为相关专业人员的参考书，同时也适合广大设计爱好者阅读。

回顾本书的编写过程，得到了许多老师与友人的帮助。感谢天津大学建筑学院博士生导师董雅教授在百忙之中为本书作序。她宽阔的视野、前沿而精髓的学术造诣、严谨勤奋的治学风格一直是我学习的楷模。感谢给我无私帮助的肖英隽老师，感谢许姗姗、金鑫、付鑫、郭乔巧、杜小雪、李荣杰、姚远行等同学为本书所做的大量工作。本书在编写过程中参阅了一些国内外出版的书籍，在此向相关作者表示衷心的感谢。为方便内容讲解，本书采用了部分设计师的设计作品，由于条件有限无法及时与你们联系，在此表示衷心的感谢！

本书第 1 版自 2012 年出版以来，5 年间多次重印；经过修订，本书第 2 版于 2017 年 8 月出版，几年来也多次重印。广大读者的认可和厚爱，让我备受鼓舞，是你们给了我笔耕不辍的动力。这次修订，是在原书的基本框架之上，根据近几年国内外室内设计的发展现状重新修改。更换了一些设计风格独特的、清晰的图片，同时也对相应的文字进行了修改。

尽管编者已做了大量的努力，但疏漏和不妥在所难免，敬请专家和广大读者指正并多提宝贵意见，以便今后进一步提高。

编　者

Contents 目录

室内设计概述

学习要点及目标

(1) 理解室内设计的概念。

(2) 掌握室内设计的内容与分类，理解室内设计同相关学科的关系。

(3) 重点掌握室内设计的原则，了解室内设计的发展历程。

(4) 通过对室内设计基础知识的学习，培养学生运用正确的学习方法学好这门课程。

核心概念

建筑　室内设计　室内设计师　使用功能　精神功能　人体工程学

引导案例

上海岳蒙设计——华烛帐前明主题别墅会客厅

图1-1所示为上海岳蒙设计——华烛帐前明主题别墅会客厅样板房。这是一处比较成功的设计案例。设计师根据别墅的特点，将室内设计成典型的新中式风格，会客厅家具的摆放与选择、灯具的挑选以及灯光的色调都为会客厅营造出惬意、舒适的气氛。室内设计的首要任务就是满足空间的基本使用功能，其次还要满足人们的审美需求，即满足人们精神上的美感要求，这两方面相辅相成、缺一不可。

图1-1　会客厅

点评：这是一处极具新中式风格的别墅会客室。把传统的结构形式通过重新设计组合，使其以另一种民族特色的标志符号出现。厅里摆一套潮流的中式家具，线条简洁流畅，颜色沉稳大气，沙发前方造型墙上做出一个圆形孔洞，内有植物造型，增添了生命的活力，三段式造型，上方空间后退并辅助灯光表达虚渺之美，中间的石材优美而严整，下方是深色的基石，犹如建筑的构造一般。中式的环境中也常常用到沙发，但造型和颜色仍然体现着中式的简单与朴素，设计师别出心裁的创意使整体空间传统中透着现代，现代中糅合着古典。可以说无论现在的西风如何劲吹，舒缓的意境始终是东方人特有的情怀。

建筑是人类遮风避雨的场所，就像原始人要寻觅合适的洞穴以避寒、御兽。社会中的每一个人几乎每时每刻都与建筑接触；工作、学习、睡眠、购物、娱乐……而这些活动的大多数都发生在建筑物的内部，也就是说人们一生中的大多数时间是在室内度过。室内是人们日常生活的主要空间，是我们扮演人生的“舞台”。因此，合理的室内设计与否将对人们的生活、工作、学习产生重要的影响。

室内设计师在进行室内设计时不仅要考虑室内空间的使用功能，还要强调空间环境所营造的精神功能。即在满足物质需求的基础上，满足人们民族、文化、个性的精神需求。人类历史在不断地向前发展，因而需要设计出更加适合人类居住的生存空间。近代人为学习而建学校、为生产而修工厂、为游乐而缮亭榭、为交谊而创“沙龙”、为生活而造居室。如今，我们的生活发生了翻天覆地的变化，各种各样的新材料、新技术、新工艺应用到室内设计领域，其目的就是将我们的环境装点得更加美好，它们或清新自然(见图1-2)，或古朴庄重，或富丽堂皇(见图1-3)。可以说，在整个人类生存环境的变化中，室内设计都扮演了一个极其重要的角色。人们对于生存环境的质量、舒适、美观及个性等方面的需求与生俱来，几乎与有记录的人类历史同样久远。如今，勤勉的设计师正通过实践—理论—再实践的反复探索，让我们的生存环境更符合当下社会大众的需求。在有限的空间中找寻“地气”“泉流”“竹屏”……

图1-2　一层客厅

点评：简单的墙面，木色与白色的组合，浅灰的墙面丰富了色彩层次。室内外色彩光线相互呼应，装饰的留白给人以自然的体验与回味。在休闲舒适的基础上，装饰品简单而明亮，色彩灵动而富有活力。

图1-3　书房

点评：书房是住宅中重要的沉思空间，是书写、学习、办公等全面思考的深入。这一空间恰能体现主人的文化、品位、修养，深色实木大气沉稳，配以浅灰的墙体色泽，深浅交替的地面，井然有序的摆放阵列，规整中透露着无限的韵味。

室内设计在欧洲作为一门独立的学科，确立于20世纪初。而在中国室内设计则仅有短短几十年的历史。室内设计是从建筑设计领域中分离出来的一个新兴学科。它依托于建筑设计和艺术设计，是利用技术与艺术的手段，对建筑空间进行再创造，其本质是功能与审美的结合。现代主义建筑运动使室内设计从单纯的界面装饰扩展到空间设计的概念。它包括空间环境、装修构造、陈设装饰在内的所有建筑物内部所包含的空间内容。以审美为准则，以艺术元素为表现手法，遵循艺术创作规律，通过对物质材料和技术的叠加应用，来展现具有创意性的室内空间环境，如图1-4所示。具体地说室内空间的艺术表现要靠地面、墙面、顶棚各个界面的装饰，结合陈设综合效果来体现。在这里，界面就是舞台，物品等同于演员，二者之间相辅相成、相得益彰。而人在空间中活动的最终感受才是衡量室内设计优劣的标准。由此可见，室内设计同建筑学、艺术学和环境科学等相关学科有着紧密的联系。因此，要想学好这门专业，成为合格的室内设计师，必须做到理论与实践相结合，关注生活、热爱生活，确立完整的空间设计概念，掌握相应的设计尺度体系，了解各类相关专业的设计规范。用理论来指导实践，让室内设计顺应高度现代化趋势的发展，创造现代“室文化”。

图1-4 住宅卧室

点评：取用美式的元素，但又不局限于美式本身的风格，在软装摆件上对仿古艺术品的喜爱使整个风格宽敞而富有历史气息，简单休闲，自由舒适，以传统与现代的交织融合，散发出无穷魅力，有如凝固的黄金时代的华美风采，雅致奢华而又舒适温暖。

1.1 室内设计的概念

室内设计是根据建筑物的使用性质、所处环境和相应标准，运用物质技术手段和建筑设计原理，创造功能合理、舒适、优美，满足人们物质和精神生活需要的室内环境。

1.1.1 室内设计专业

室内设计专业在中国短短几十年的发展中，其名称曾有过几次变化。1957年中央工艺美术学院将此专业正式命名为“室内装饰”，这时的设计重点仅仅是室内界面的表面修饰。1977年，“室内装饰”改名为“建筑装饰”，成为“工业设计”的一个专业方向。人们对这个专业的认识，也由传统的手工艺向现代工业设计转变。此后不久，建筑装饰更名为室内设计，并从工业设计中独立出来。1988年，随着社会的进步、科技的发展和人们生活水平的日益提高，室内设计的名称又被扩大为环境艺术设计，而室内设计则成为环境艺术设计专业的一个学习方向。从“室内设计”名称的一系列变化上我们不难看出，人们对室内设计概念的认识和理解随着时间的推移而不断深化。室内设计正是在“实践—理论—再实践”的反复和探索中产生、嬗变和发展起来的学科，是一门融科学性、艺术性、技术性为一体的综合性学科。

1.1.2 室内设计的定义

从上面的内容我们可知，室内设计作为一门相对独立的专业，其涵盖的内容不仅有一定的特殊性，而且涉及许多相关理论与学科。对于室内设计的概念，许多学者从不同的角度、不同的侧重点，做出了不同的分析。

清华大学的郑曙旸教授这样定义室内设计：“室内设计是建筑设计密不可分的组成部分，在建筑构件限定的内部空间中，以满足人的物质与精神需要为目的，进行的环境设计称之为室内设计。”

也有学者是这样解释的：“室内设计是运用技术手段和美学原理，创造满足人们物质和精神双重需要的室内环境的学科。”

中国台湾的设计教育家王建柱在其《室内设计学》一书中指出：“室内设计是人为环境设计的一个主要部门，主要是指建筑内部空间的理性创造方法。精确地说，它是一种以科学为机能基础，以艺术为形式表现，为了塑造一个精神与物质并重的室内生活环境而采取的理性创造活动。”

美国的约翰·派尔(John.F.Pile)在其所著的《室内设计》一书中认为：“室内设计是一种职业手段，与装饰的概念相比，它更强调建筑内部的基本规划和功能设计。在欧洲，室内建筑师(interior architect)专指处理空间的基本组织、房间的布局、技术配备(如光学、声学等方面)的人。在美国，建筑师一词有着法律上的限制，而室内设计师已成为在实践上可以接受的词汇。”

综上所述，尽管专家们给出的定义不尽相同，但都指出室内设计与建筑的紧密关系(见图1-5)，同时强调物质性与精神性，既具有实用功能，又满足人们的审美需求。这里给出以下定义：室内设计是根据建筑的使用要求，在建筑的内部展开；运用物质技术及艺术手段，设计出物质与精神、科学与艺术、理性与情感完美结合的理想场所；它不仅应具有使用价值，还要体现建筑风格、文化内涵、环境气氛等精神功能，如图1-6所示。

图1-5 酒吧的室内设计

点评：室内设计是建筑的延续与深入，室内空间的划分、调整都应借助建筑原来的框架进行深入设计。当然也可以在不破坏建筑的前提下，按照需要重新分割、组合。这个酒吧的设计就很好地利用了建筑原有的框架，整个空间既有一种古典的韵味环绕其中，又散发着时尚的光芒，红蓝撞色的使用让人眼前一亮。

图1-6 别墅起居室

点评：这是一处极具现代主义风格的起居室，简洁明快的吊顶和墙面设计拉伸了空间的尺度，白色与咖啡色的织物简约、大方，不落俗套。室内设计师在进行室内设计时要不断与客户交流，以便了解客户的思想，设计出物质与精神、科学与艺术完美统一的理想空间。

室内设计的定义并非一成不变，它的内容是动态的、发展的，它将随着实践的发展而不断地充实与调整。

建筑构件是指构成建筑物的各个要素。建筑物当中的构件主要有楼(屋)面、窗户、门、墙体、柱子、基础等。

1.1.3 室内设计师

室内设计师是指具备一定的美术基础、通晓室内设计相关的专业知识，掌握设计技能，已取得相应的职业资格、专门从事室内设计的专业设计人员。一名优秀的室内设计师必须要有艺术家的素养、工程师的严谨思维、旅行家的丰富阅历和人生经验、经营者的经营理念、财务专家的成本意识。只有内在的修炼提高了，才能做出作品、精品、上品和神品，否则，就只是处于初级的模仿阶段，流于平凡。一位人品、艺德不高的设计师，他的设计品位也不会有很高的境界。因此，室内设计师应该掌握美术基础理论、室内平面制图、室内效果图渲染、效果图后期处理、装饰预算、装饰材料、实用工具、建筑风水学等。

1．室内设计师的基本要求

(1) 运用室内设计的专业知识。室内设计师必须掌握不同设计手段所取得的设计效果，以及设计效果所需的成本和加工方法等。

(2) 想象力与创造力。丰富的想象、创新能力和前瞻性是必不可少的。

(3) 美术基础。尽管今天多数设计师是以计算机作为表现方法，但最重要的想象、推敲过程绝大部分都是通过简易的纸和笔来进行的(见图1-7)。因此，室内设计师应具备较好的美术功底。

图1-7　起居室

点评：作为一名优秀的室内设计师必须熟练掌握手绘的效果图表现技法。多样的表现技法，将使设计师得到更多的设计“创意”。手绘可以说是创意的开始，所有的创意构思都离不开手绘的表达。图1-7是一幅室内效果图，也是经典的手绘表现佳作之一，采用马克笔、彩铅结合钢笔线条的混合表现技法。

(4) 设计技能。首先应熟练掌握手绘的表现技法，其次还有相关的计算机软件的应用(见图1-8)。除此之外，还包括模型制作，因为对于有些复杂的室内设计，仅靠图纸是不行的，还要制作相应的模型，以利于设计的进一步推敲，以及同客户的沟通交流。

图1-8　起居室

点评：当下计算机的辅助设计是每一位室内设计师必修的课程。它能客观地反映室内空间的尺寸、比例与结构。这张起居室效果图正是由计算机绘制而成，条纹形状的天花吊顶看似复杂，实则秩序井然，配以圆形的水晶吊灯，使空间的现代感十足。

(5) 协调和沟通技巧。室内设计的全部过程需要设计师同客户沟通，了解设计要求；同技术和施工人员合作，才能保证设计的效率和效果。

2．室内设计师的工作内容

(1) 从构思、绘图到三维建模等，提供完整的设计方案，包括物理环境规划、室内空间分隔、装饰形象设计、室内用品及成套设施配置等。

(2) 通过创意与设计，体现空间感、实用性、优越性、革命性，凸显其人性化。

(3) 阐述自己的创意想法，与装修人员达成观念上的协调一致。

(4) 协调解决整个过程中的各种技术问题。

(5) 协助进行成本核算和资源分析。

(6) 了解所在行业的发展方向和新工艺、新技术，并致力于创新设计。

本书在后续章节中将统一使用“室内设计师”这一称呼。

1.2 室内设计的内容与分类

现代室内设计不是纯粹为了使用功能而去创造空间环境，它所涉及的内容与广度随着人们物质和精神两方面需求的提高而变得更加宽泛、更为深入。室内设计可以分为人居环境和限定、非限定空间三大类。

1.2.1 室内设计的内容

室内设计的内容包括室内空间界面的处理、室内物理环境(室内体感气候、采暖、通风、温湿调节等)的设计处理、室内内含物(家具、灯具、陈设品等)的设计与选择等。

根据上述观点，室内设计的内容可以概括为以下几个方面。

1．室内空间设计

室内空间设计是指对建筑内部空间的设计，具体指在建筑提供的内部空间中，对室内空间形状、尺度、比例、虚实关系进行细微准确的调整，解决空间与空间之间的衔接、过渡、对比、统一，以及空间中的节奏、流通、封闭与通透的关系，做到合理、科学地利用空间，创造出既能满足人们使用要求，又能符合人们精神需要的理想空间，如图1-9所示。

2．室内界面设计

“界面”是指建筑物内部的地面、顶棚、墙面、门、窗、隔墙、隔断等。室内界面设计主要从功能和审美两方面入手，室内设计师首先应该按照空间环境的要求对空间围护体的各个界面进行设计，包括对所分割空间的实体、半实体的施工工艺和构造做法的处理；然后再依照形式美的法则处理室内各部分的造型、色彩、纹样、肌理等关系(见图1-10)，从而达到室内环境中技术与艺术的完美结合。

图1-9　住宅入口

点评：合理的空间分割，恰当的室内高度、适当的虚实关系以及不同功能空间的衔接，能提高人们在这一空间的舒适度和工作效率。图1-9所示的住宅入口处，设计者以玄关柜的使用，兼顾了视觉和使用的功能，同时又使用镜面放射作为空间的延伸。不同的地面材质，也对不同的功能区域进行了划分。

图1-10　住宅客厅

点评：在这一设计中，设计师巧妙地运用格栅门将两个功能分区划分开来，不同色彩的木材交相呼应，营造了轻松整洁的氛围，石材墙面和木质天花塑造了新奇自然的居住环境，落地的玻璃门更为空间增添无限韵味。

3．室内陈设设计

室内陈设设计是指室内内含物的设计，主要包括家具、设备、艺术品、织物、绿化、水体等的布置、选用及设计(见图1-11)。室内陈设设计具体指对家具的造型、结构、色彩以及同环境的协调设计；对设备进行合理配置；对艺术品的选择、制作、陈列、装饰；对织物如窗帘、地毯、台布等进行纹样、色彩、肌理的挑选与设计；对绿化的安排，所需植物的选择以及绿化与环境色彩的设计等，强调室内绿化要配合室内的整体效果；对水体的引入不仅可以烘托室内气氛，还可以调节室内小环境的气候。

图1-11　会客厅(局部)

点评：单从会客厅的局部就不难看出室内的设计风格采用了新中式的设计风格，墙面与柜体采用了暗红色的中国传统图案，配以同色系的传统造型的家具，在灯光的照耀下，整个空间显得整洁大方，墙面和地面使用了石材纹理，使得整体空间更为精致美观。软装的挑选，更是体现了主人对中国传统元素的热爱。

4．室内照明设计

室内照明设计是指对照明的设计与处理(见图1-12），包括室内空间的明度要求、确定室内空间的照明方式和灯具的配置。室内照明设计要求室内设计师依据空间的整体设计构思，对不同照明方式产生的不同光环境进行艺术处理，同时，对室内空间所需要的灯具样式和造型进行选择，使其与整体的艺术气氛协调一致。

图1-12　餐厅照明设计

点评：照明设计不仅是对室内灯具的设计与选择，同时还要考虑空间功能。例如，住宅的卧室为了营造舒适温馨的气氛，一般要选择暖光源且照度不能太高。对于餐厅的照明设计，设计师首先要考虑餐厅的面积，进行基础照明设计，再配置重点照明和装饰照明，最后根据室内风格选择或设计灯具。

5．室内色彩设计

室内色彩设计包括对室内空间各界面、室内家具、艺术品、织物的色彩进行设计。确定主色调和色彩配置，通过对比与协调的艺术手段，将室内色彩进行合理、有序地组合，创造出和谐舒适的色彩环境，如图1-13所示。

图1-13　儿童卧室

点评：拥有这样的房间是两个西班牙孩子的愿望。他们的愿望并不宏大，只希望拥有场所、空间、富有想象力的色彩体验和存放玩具的地方。于是设计师试图直接将空间打造为一个大型家具，使其在容纳玩具的同时，也成为玩具本身。白杨木材质的“大型家具”以折叠的方式围绕着中央的空间，容纳了一系列不同的功能，包括：床、楼梯、宽阔的戏耍区以及趣味的圆形储物柜。

6．室内物理环境设计

物理环境是指室内光线、温度、湿度、隔声、采暖、通风、人流交通、通信监控、消防疏散、视听等的设计处理。这些内容已成为现代室内设计中极为重要的一方面，也是现代科技发展的必然结果，是衡量环境质量的主要因素。室内设计师须按上述要求对空间组织和界面做整体处理和相应调整。

7．室内生理、心理环境设计

室内生理、心理环境设计是指室内设计应以人为中心，为人而设计。室内设计应符合人的生理、心理需求。人的生理特点是指使用功能上的需求。心理需求是指室内设计的各要素要符合不同民族、不同文化的人的心理感受，其中主要包括设计的整体风格、造型特点、室内色彩、陈设以及家具设计。

总之，室内设计师应利用先进的科学技术，充分发挥艺术才智，创造出能够满足人的物质生活和精神生活需要的室内空间。同时，该空间又能最大限度地调动人的生理、心理的积极因素。这就需要室内设计师在理解室内空间构成的基础上，运用个性化的艺术语言，去深化和发展设计的立意和构思，利用各种新技术、新材料，创造出丰富多彩而又极具个性的室内环境。

1.2.2 室内设计的分类

室内设计的分类可根据张绮曼教授在《室内设计总论》一书中给出的分类方法为依据进行分类。室内设计按使用功能需求分为三大类：即人居环境室内设计、限定性公共空间室内设计及非限定性公共空间室内设计。不同类别的室内设计在设计内容和要求方面有许多共同点和不同点，如表1-1～表1-3所示。

表1-1　人居环境的分类及设计内容

人居环境室内设计	集合式住宅、公寓式住宅、别墅式住宅、院落式住宅	门厅设计
		起居室设计
		卧房设计
		书房设计
		餐厅设计
		厨房设计
		卫生间设计
	集体宿舍	卧室设计
		厕浴设计

表1-2　限定性公共空间的分类及设计内容

限定性公共空间室内设计	学校、幼儿园、办公楼、教室	门厅设计
		教室设计
		接待室、休息室设计
		会议室设计
		办公室设计
		餐厅设计
		礼堂设计

表1-3　非限定性公共空间的分类及设计内容

非限定性公共空间室内设计	旅馆饭店、影剧院、娱乐厅、展览馆、图书馆、体育馆、火车站、航站楼、商店、综合商业设施	门厅设计
		营业厅设计
		休息室设计
		观众厅设计
		餐厅设计
		游艺厅设计
		舞厅设计
		办公室设计
		会议室设计
		过厅设计
		中厅设计
		多功能厅设计
		练习厅设计
		其他

1.3 室内设计的发展历程

当我们对室内设计的历史进行回顾和研究时，它告诉我们的不仅只是各个时期的设计风格与产生背景，更重要的是历史对今天室内设计发展的启示，它会令我们更准确、更深入地理解室内设计的含义，了解室内设计所涉及的诸多内容，设计出既符合当下审美需求与时代特征，又能反映历史文脉的优秀室内设计作品。

1.3.1 中西方室内设计的发展

室内设计的起始年代，众说不一。当我们寻根求源时，却发现它早已存在于遥远的过去，有着悠远的历史渊源，是在历史的发展中逐渐演变而来的。从古至今，从西方到东方，从建筑诞生的时候开始，就有了与建筑相对应的内部空间，室内设计的进程与建筑的发展历史息息相关，但又相对独立，有着自身的发展历程。本书因为篇幅所限，加之关于室内设计历史的专著已很详尽，这里只对这一部分做简单介绍，以便让读者概括地了解室内设计这门学科。

1．我国室内设计的发展

我国室内设计的历史可概括为三个阶段，即早期阶段(原始社会至奴隶社会中期)、中期阶段(奴隶社会后期、封建社会)和当前阶段。

原始社会时期。陕西西安半坡村复原的方形与圆形的人居空间中，先民们已按照需要将居住空间进行分隔，如空间中火塘位置的合理布置。方形住房将火塘安排在入口处，还设计了进风的浅槽，这样会使进入室内的冷空气得到加热(见图1-14)；而圆形的空间，则将火塘布置在室内中央，入口两侧还设置了引导气流的矮墙，很好地引导了气流并保证了室内的温度(见图1-15)。在黄河中下游地区(大约新石器时代晚期)遗址中还发现，人们为了美化居住环境，开始在室内用白石灰来涂抹居住面和墙面。即使是原始人穴居的洞窟里，壁面上也绘有兽形和围猎的图形。由此可见，即使在人类建筑活动的初级阶段，就已经开始对居住环境进行装饰了。

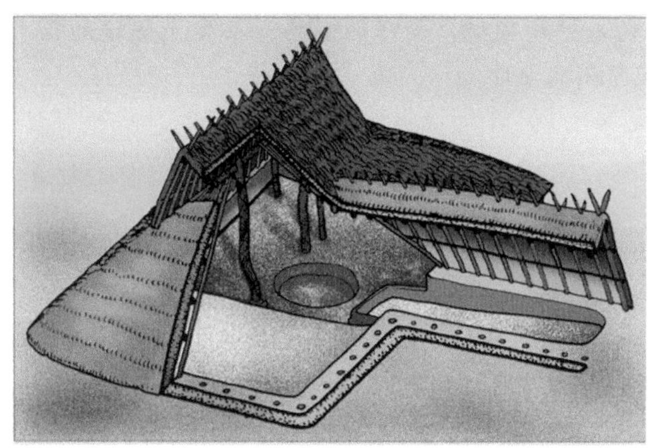

图1-14　原始社会的方形住房

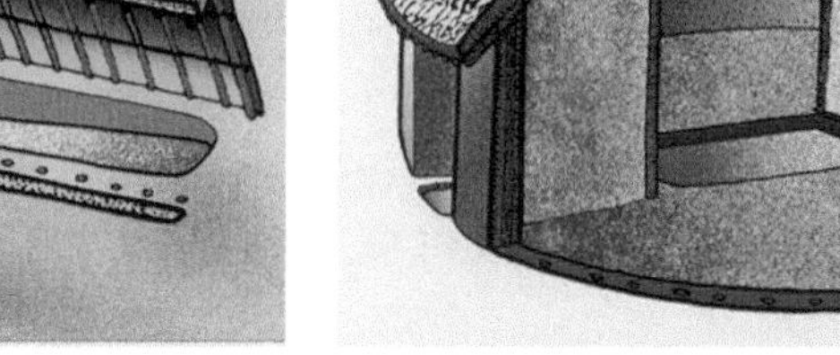

图1-15　原始社会的圆形住房

奴隶社会时期。夏、商、周朝的宫室，建筑空间秩序井然，并已开始使用修饰后的材料(木料、石料)进行装饰。封建社会时期，著名的秦阿房宫、西汉的未央宫，虽已不复存在，但从出土的瓦当、器皿以及墓室石壁所刻的精美的窗棂、栏杆的装饰纹样中，都可窥见当时的室内装饰已相当精细和华丽。封建社会的隋唐时期，随着传统建筑的发展，室内设计也达到了一个高峰，具体表现在室内建筑构件的处理上，如斗拱、天花藻井、门窗花格的艺术加工。唐以后直至明清，室内设计虽有变化，但还仅限于对建筑构件与室内界面的装饰，对于空间的布局与组织方式也只是家具的布置、陈设艺术品的摆放以及字画的悬挂，如图1-16所示。清朝以后直至今天，我国的室内空间设计除了沿袭传统的设计手法之外，也受到了西方设计思想的影响。室内设计讲求实用功能，注重运用新的科学与技术，追求室内空间“舒适度”，讲究人情味，尽可能追求个性与独创性，重视室内空间的综合艺术风格。

图1-16　苏州网师园万卷堂

点评：网师园建于清乾隆年间。万卷堂又称积善堂，其大厅墙面白色，正中悬挂万卷堂匾额，室内精美的明式红木家具、传统的木结构顶棚、精巧的窗格、条案上陈设的艺术品……这一切都很好地反映了这一时期的室内环境设计。

火塘又叫“火坑”，也有的地方称“火铺”，即室内地上挖成的小坑，中间生火取暖、做饭之用。

斗拱是我国木结构建筑中的支承构件，在立柱和横梁交接处。从柱顶探出的弓形承重结构叫拱，拱与拱之间垫的方形木块叫斗，两者合称斗拱，如图1-17所示。

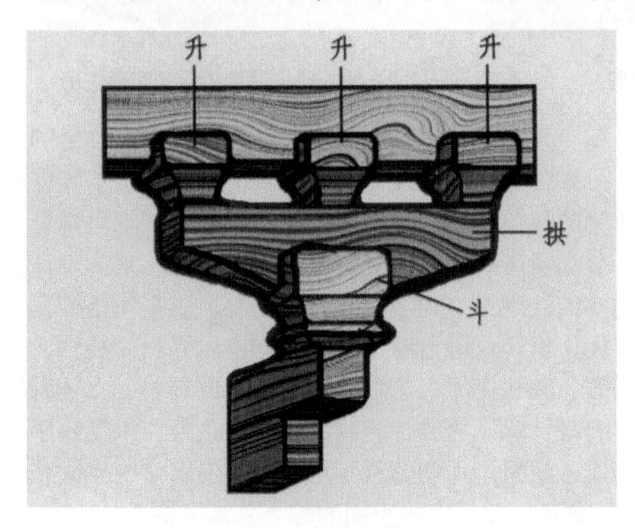

图1-17　斗拱(一斗三升)

点评：一斗三升是最简单的斗拱组合方式，即斗上置一横拱，拱上置三个升(升是一种较小的斗)的斗拱组合方式。

藻井是中国传统建筑中室内天花(顶棚)的独特装饰部分，一般多见于宫殿、坛庙、寺庙建筑室内正中的宝座或神佛的天花板上。一般做圆形、正方形或多边形的凹陷处理，上有各种花纹、雕刻或彩画，如伞如盖，精美华贵，如图1-18所示。

图1-18　北京天坛祈年殿的龙凤藻井

点评：祈年殿的圆形藻井恰与建筑屋顶形态相同，藻井中的斗拱层层递进，穹顶中心是全部贴金处理的龙凤浮雕，在青绿色的色彩中尤为夺目。龙凤浮雕还与室内地面的一块龙凤石上下呼应，形成天地对应的局面。

2. 国外室内设计的发展

西方的室内空间设计在很长一段时间内与建筑外观设计没有明确的分工，这一点与我国的室内情况发展相类似。这一时期从古希腊和古罗马神庙、中世纪的教堂一直延续到文艺复兴时期，建筑的内外空间浑然一体。以古希腊雅典卫城的帕特农神庙为例，神庙的柱廊，让室内外空间自然过渡，石柱完美的比例尺度都令世人赞叹。

欧洲中世纪和文艺复兴以来，哥特式、巴洛克和洛可可等风格的各类建筑及其室内环境设计达到了技术与艺术的完美结合，这一阶段的装饰风格和手法，至今仍是我们学习与研究的典范，同时也是今天室内创作借鉴的源泉。关于哥特式、巴洛克和洛可可等风格在下面室内设计的风格与流派中将具体讲述。

从英国的产业革命到今天，从莫里斯到现代主义，从后现代到今天多元化的室内设计，西方的室内设计经历了一个丰富多彩的时期，它是我们学习的宝库。后面将具体介绍各种流派与风格。

1.3.2 国内外室内设计的风格

纵观人类几千年文明史，室内设计总与建筑艺术紧密联系，并受到不同国家、不同时代和不同地域的条件影响，与民族特性、社会制度、生活方式、文化思潮、宗教信仰、风俗习惯、自然条件等有着密不可分的关系。人们在各自的艺术文化生活中，从需要出发，除旧布新，创造出风格各异的室内设计风格与流派，为今天的室内设计创作提供了大量的素材。

1．中国古典风格

中国建筑室内设计艺术的风格大致可以从以下几方面进行解读：从环境整体看，室内与室外自然交融，形成内外一体的设计手法，设计时常以可自由拆卸的隔扇门分界；内部环境则会用屏风、帷幔或家具按需要分隔室内空间；装饰材料上主要以木质材料为主，大量使用榫卯结构，有时还对木构件进行精美的艺术加工；在用色方面以宫殿、庙宇为例，色彩重对比，纯黄明华，红、绿、青辅以黑、白、金；室内陈设汇集字画、古玩，种类丰富，无不彰显出中华民族悠久的文明史。图1-19是典型的中国古典风格厅堂的室内设计。

图1-19　古典风格的厅堂

点评：室内布局依照中轴线对称形式而设计，正中上方在精美的木雕上悬挂匾额，条案上摆放着艺术品，两旁半柱上刻有书法，这些无疑让此处成为室内视觉中心。从这张图片中我们可以领略到中国古典室内设计风格的魅力。

2．古埃及风格

古埃及最具代表性的室内设计主要包括贵族宅邸和神庙。府邸室内宽敞，墙壁彩绘色彩鲜明，室内还配有家具。埃及神庙中最著名的是阿蒙神庙，庙内密布着众多高大粗壮的石柱，石柱造型多样，其上装饰纹样极为精美，上面还刻有象形文字和神像，但硕大的石柱群会给人带来压抑、沉重的感受。概括地讲，古埃及风格在形式上讲究对称；装饰上喜用壁画，家具上常镶有珠宝、象牙。整体上给人以雄伟、庄严、凝重的神秘之感。

3．古希腊风格

古希腊风格最具代表性的是一种单纯、典雅、和谐的神庙建筑风格。那刚劲雄壮的多立克柱式、隽秀典雅的爱奥尼克柱式、细腻华丽的科林斯柱式，无不向我们展现了这一风格的艺术特色。它也是西方古典建筑室内设计特色的基本组成部分。

多立克柱式极具男性的阳刚之美，它雄浑、粗犷。柱头无饰纹，圆柱形柱身底宽上窄，直接置于阶座上，基座有三层石阶，因其特征，多立克柱又被称为“男性柱”。

爱奥尼克柱式具有女性的阴柔之美，挺拔秀丽、精致华美。柱头两侧是柔美的涡卷式装饰，带涡卷的柱头上有顶板直接楣梁。在结构上比多立克柱式多一个柱础，因此柱身修长，且圆柱由下而上逐渐收缩，纵向凹槽增至24条，沟槽较深，呈半圆形，凹槽的交接棱角处为一圆面。

科林斯柱式整体形式上更为纤细，更富有装饰性。柱头的毛茛叶装饰，使其恰似盛满花草的花篮，精致华丽，柱身与爱奥尼克柱式相同。

古希腊室内设计除了上述的三种柱式，其家具艺术成就也值得称道：造型简洁流畅、比例恰当、力学结构合理、舒适方便。古希腊室内设计主要表现在以上几方面，然而就仅凭这些，也足以让人称颂。

4．古罗马风格

古罗马的建筑艺术为世界建筑史写下了灿烂的篇章，尤其是罗马人对拱券、穹顶的创造与发展。古罗马还继承了古希腊的柱式，并发展创造了塔斯干柱式和混合柱式。这些柱式成为西方古典建筑室内设计最鲜明的特征之一。对于室内家具的设计，可以从庞贝遗址出土的古罗马家具以及壁画中见到各种旋木腿的家具。著名的罗马万神庙即是当时建筑设计与室内设计完美结合的杰出代表，如图1-20所示。

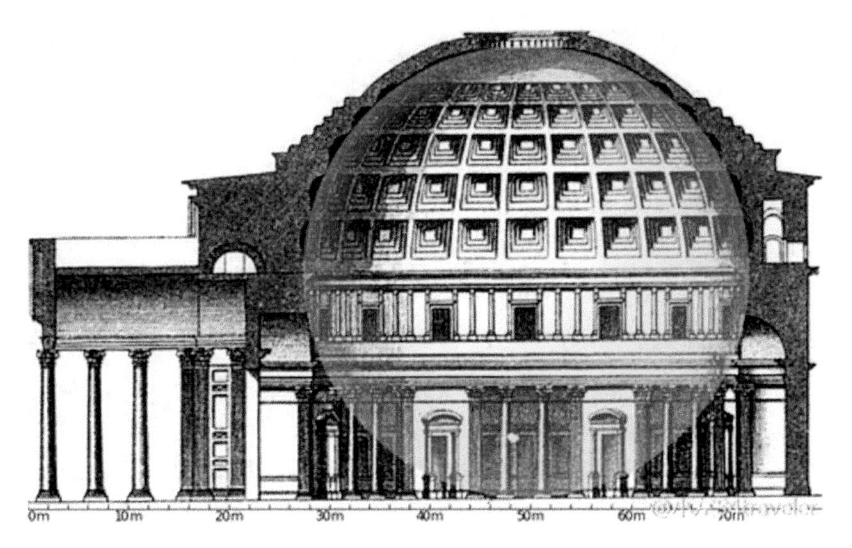

图1-20　罗马万神庙圆形正殿

点评：万神庙的圆形正殿顶棚是直径为43米的半球形穹顶，而球顶到地面的距离也是43米，穹顶中央有直径为9米的圆形开口，用来增强室内的光照，更让人产生对天穹的联想，室内设计达到了空间环境与各种功能的完美统一。殿内是华贵的科林斯柱式，墙壁与顶棚均以大理石贴面，地面则是彩色大理石。所有这些设计令万神庙更加和谐、庄严、肃穆，它集中反映了古罗马室内设计恢弘、豪华、壮丽、雄浑、粗犷的设计风格。

5. 哥特式风格

兴起于12世纪的哥特式风格，其典型的特征就是尖拱券，主要见于教堂，著名的巴黎圣母院便是杰出代表，如图1-21所示。哥特式风格的室内尖尖的骨架券由柱头向上升腾，成为以尖拱券做骨架的拱顶承重结构体系。精美的彩色玻璃花窗占据了支柱之间的大部分面积，透过玻璃窗色彩斑斓的光线和各式各样的雕刻装饰，仿佛让人置身于“非人间”的神圣境界，给人以至高无上的严肃感和神秘的气氛。

图1-21　巴黎圣母院室内设计

点评：巴黎圣母院是法国哥特式风格建筑，位于整个巴黎城的中心。教堂内部，无数的垂直线条引人仰望，数十米高的拱顶给人以飞升的意境，富丽堂皇的玫瑰花状的大圆窗，把五彩斑斓的光线射到室内的每一个角落。

6. 文艺复兴风格

文艺复兴是指14至16世纪以意大利为中心所兴起的思想文化运动，强调以理性取代神权的人本主义精神。表现在建筑和室内设计上，则是对哥特式风格的摒弃，对古希腊、古罗马风格的复兴，重新使用古典柱式、穹顶、山花，追求理性，强调规则、条理。佛罗伦萨市的育婴院正是文艺复兴时代的典型作品，如图1-22所示。

7. 巴洛克风格

巴洛克风格在17世纪中期由文艺复兴风格演变而成，其室内空间具有强烈的情绪感染力与震撼力，室内设计的特征是强调力度、变化和动感，墙壁多采用大理石、雕刻墙板，并饰以精美多彩的织物或油画。家具多以曲线造型，巨大而优美。室内大量使用青铜、饰金的装饰品。室内空间给人以奢华、壮观的感受。图1-23是由贝尼尼创作的罗马圣彼得大教堂祭坛上的青铜华盖，它是巴洛克风格的典型代表。法国的凡尔赛宫内部装修也采取了巴洛克风格，如图1-24所示。

图1-22　佛罗伦萨市的育婴院

点评：佛罗伦萨市的育婴院运用了大面积洁白的墙面、半圆形的连拱、优美的科林斯柱式，给人轻盈爽朗、幽雅宁静的感觉。它完美地体现了人本主义的思想。

图1-23　罗马圣彼得大教堂

点评：巴洛克风格的室内设计将绘画、雕塑结合起来，室内空间形式多变，装饰夸张。罗马圣彼得大教堂圆屋顶下的巨大祭坛、贝尼尼创作的青铜华盖，以及科林斯式柱身满是精致的装饰，将巴洛克风格演绎到了极致。

图1-24　法国凡尔赛宫的镜厅

点评：法国凡尔赛宫的镜厅，墙壁用彩色大理石装饰，华丽的吊灯散发着奇异的光芒，巨幅的油画和雕塑尽显奢华。豪华的镜厅，西面是17个拱顶长窗，东面对应着17面形状大小完全相同的镜子，给人扑朔迷离的感觉。

8．洛可可风格

洛可可风格的特征是纤巧娇媚、精致浮华、甜腻温柔、纷繁琐细。洛可可风格表现在室内设计中主要体现在室内的装饰上。室内色彩娇艳、光泽闪烁，墙面爱用嫩绿、粉红、玫瑰红等鲜艳的浅色调粉刷，线脚大多用金色。室内排除一切直线的东西，矩形的房间会设计些大圆角，多用自然题材作曲线，卷草舒花，缠绵盘曲，连成一体。天花和墙面有时以弧面相连，转角处布置壁画。洛可可风格装饰的代表作是巴黎苏比斯府邸的椭圆形公主沙龙，如图1-25所示。

9．新艺术运动

19世纪80年代开始于比利时布鲁塞尔的新艺术运动，主张艺术与技术的结合，在室内设计上体现了追求适应工业时代精神的简化装饰。以清新优美的装饰来设计室内环境，装饰特点是由流动的自由曲线和非对称的线条构成，常常模仿自然界的植物，如花梗、花蕾、昆虫翅膀以及各种优美、波状的形体图案等。将它们运用在家具、墙面、栏杆的装饰上，产生非同一般的视觉效果。霍塔是新艺术运动风格的代表人物，他所设计的布鲁塞尔都灵路12号住宅内部是这一风格的典型作品，如图1-26所示。图1-27所示为采用了新艺术运动风格设计的家具。

图1-25　苏比斯府邸的椭圆形公主沙龙

点评：矩形的房间采用大圆角，蓝色的天花板上悬挂着水晶吊灯，曲线的形体上雕着花纹、镀着铜饰。室内护壁板做成的精致框格四周有一圈金色的花边，是典型的洛可可风格的作品。

图1-26　布鲁塞尔都灵路12号住宅内部装饰设计

点评：布鲁塞尔都灵路12号住宅大量地运用铁花扶手，细长的铸铁柱以及地面和墙面镶嵌的各种精巧的铁花，这些模仿植物的线条，把整个空间装饰得生动活泼，与传统封闭式空间截然不同。通过霍塔的巧手，工业材料和手工制品相互结合，让室内空间充满了装饰美感。

图1-27　新艺术运动风格的家具

10．现代主义风格

现代主义风格始于工业革命，源于1919年包豪斯学派，其主要特点是强调工业化生产与设计相结合。在室内设计领域则提倡注重发挥结构本身的形式美，造型简洁，摒弃所有多余的装饰，崇尚合理的构成工艺；尊重材料的特性，讲究材料自身的质地和色彩的配置效果，常见的材料有金属、玻璃，它以理性的设计手段来强调室内空间的使用功能，所以也称功能主义。它让室内设计从单纯装饰的束缚中解脱出来，推动了室内设计的发展，具有里程碑式的意义。著名的现代主义建筑大师路德维希·密斯·凡·德·罗(Ludwig Mies van der Rohe)在1929年为西班牙巴塞罗那国际博览会设计的德国展馆是现代主义风格的杰出代表(见图1-28)，它充分体现了密斯的名言："少即是多。"整个德国展馆的主厅和其他空间仅用几道大理石和玻璃围墙组成，仅有少量的家具，凸显了新的材料和施工方法所创造的丰富的室内艺术效果。密斯利用开放的空间划分方式，突破了传统砖石结构所导致的封闭的、孤立的室内空间形式。仅用8根镀镍钢柱支承的平屋顶，让室内空间既分隔又互相衔接，使人在行进中感受到丰富的空间变化。

图1-28　西班牙巴塞罗那国际博览会的德国展馆

点评：德国展馆运用钢铁、玻璃等当时的新材料表现室内空间光洁平直的精确美以及材料本身的质感美，给人以简洁明快，但又充满变化的印象。石灰石、玻璃、地毯等不同质感的混合，更彰显出一种现代的华贵气息。

11．和式风格

和式风格的室内设计极为简洁、少有装饰，材料多选用自然界的材料，例如木、竹、石等，注重结构的合理和材质的精良，既讲究材质的选用和结构的合理性，又充分地展示了材质的天然之美。木造部分只单纯地刨出木料的本色，再以镀有金或铜的用具加以装饰，体现出人与自然的融合。日式客厅以平淡节制、清雅脱俗为主；造型以直线为主，线条比较简洁，一般不多加烦琐的装饰，更重视实际功能。家具陈设以茶几为中心，墙面上使用由几何形状与细方格构成的木质推拉门窗，室内形成“小、精、巧”的模式，利用檐、龛空间，创造特定的幽柔润泽的光影。整体气氛朴素、文雅、柔和。日本现代主义风格则关怀现代人的社会活动方式，注重室内环境与整体环境的关系，合理地把握室内空间尺度，如图1-29和图1-30所示。

12．伊斯兰风格

伊斯兰建筑大量使用拱券结构，券的形式有双圆心尖券、马蹄券、火焰券、花瓣券等，因此丰富的拱券样式便成了室内装饰的重点；除此之外还大量使用装饰图案，纹饰主要有三种，即植物图案(卷草纹)、几何图案、文字图案，如图1-31～图1-33所示。以上这两方面形成了伊斯兰风格的主要特点。

伊斯兰风格的室内常运用华丽、跳跃、对比的色彩，深蓝、浅蓝则是最多见的色彩。墙面以粉画装饰且多镶嵌彩色玻璃面砖，门窗用雕花、透雕的板材作栏板，石膏浮雕也是惯用的装饰手段。室内还多用华丽的壁毯和地毯作装饰。整体风格则透出东、西方合璧的艺术特色，如图1-34所示。

图1-29　和式风格客厅设计

点评：如图1-29所示的设计采用了和式风格。室内以格栅以及榻榻米部分分割空间，阳台门使用了格栅门的造型，过道用了日式布帘。顶棚装饰薄板及筒灯作为装饰灯照明。仅有少许挂画。家具与陈设装饰简洁。室内强调了木质结构的特色和木质本身的美，有较强的民族特色。

图1-30　和式风格设计

点评：这是具有日本现代主义风格的局部空间设计。“饮茶区”力求简化，没有过多的装饰，仅以书法作品作为墙面装饰。在整体上给人以朴素、清幽、闲适的感受。

图1-31　植物图案(卷草纹)

图1-32　几何图案

图1-33　文字图案

图1-34　伊斯兰风格的客厅设计

点评：吊顶以天蓝色的花纹作为底色，上面镶嵌了三组伊斯兰风情的装饰画，奢华靓丽的金色水晶吊灯将整个空间的氛围渲染得华丽精致。地面黑白相间的瓷砖上铺有伊斯兰传统花纹的地毯。倚墙摆放的一组深色实木柜上的白色伊斯兰风情雕花十分抢眼，台面上摆放了很多精致华丽的玻璃瓶和瓷器，处处彰显浓郁的伊斯兰风格的艺术特色。

13．后现代主义风格

后现代主义风格与现代主义风格的纯理性设计相悖。它主张新旧融合、兼容并蓄，强调历史的延续性，重视探索创新。具体在室内设计中则利用隐喻性的视觉符号表现历史性和文化性。提倡装饰，使其成为室内设计的重要手段，肯定了装饰对于视觉的象征作用，并拓展了装饰手法。它为多种风格的融合提供了一个多样化的空间，不同风貌并存，使设计更贴近居住者。后现代主义的室内设计师改变了现代主义设计的冷漠与理性，取而代之的是以非理性因素来彰显一种设计中的轻松和宽容。

14．解构主义风格

解构主义这一说法是从“结构主义”变化而来。因此，它是对结构主义的质疑和分解。解构主义建筑的特点，如图1-35所示。

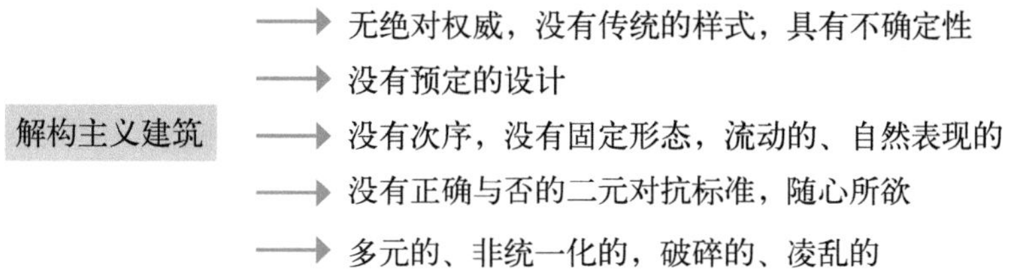

解构主义建筑
- → 无绝对权威，没有传统的样式，具有不确定性
- → 没有预定的设计
- → 没有次序，没有固定形态，流动的、自然表现的
- → 没有正确与否的二元对抗标准，随心所欲
- → 多元的、非统一化的，破碎的、凌乱的

图1-35 解构主义建筑的特点

由此不难看出解构主义是对结构主义理论思想的质疑和批判。建筑和室内设计中的解构主义则是对传统形式法则的突破，对传统的构图规律的否定，并且不受历史文化和传统理性束缚的设计手法。

解构主义在建筑上的代表作有屈米在20世纪80年代初设计的法国巴黎拉维莱特公园和盖里设计的西班牙毕尔巴鄂市的古根海姆美术馆，如图1-36所示。作品将传统的建筑因素重新构建，以自由的、多元的方式来建构新的建筑构架。“解构主义”在室内设计中是通过形体的叠加，运用动态、残缺、散乱的手法表现空间形态，如图1-37所示，从而体现了当代人对个性、自由的追求以及对新、奇、特的渴望。然而，解构主义的家具设计却因为家具的功能性及人性化等方面的因素受到限制。

15．高技派风格

高技派突出了当代工业技术的成就，强调工艺技术与时代感；反对传统的审美观念，强调设计作为信息的媒介和设计的交际功能，将工业化大生产的特性展现在人们眼前。在建筑设计、室内设计中坚持采用新技术，并加以炫耀，崇尚“机械美”，在室内暴露梁板、网架等结构构件以及风管、线缆等各种设备和管道，强调工艺技术与时代感，如图1-38所示。在材料的运用上多使用金属材料、玻璃、石材。典型的设计作品为法国巴黎蓬皮杜国家艺术与文化中心(见图1-39)以及中国香港的中国银行。

图1-36　西班牙毕尔巴鄂市的古根海姆美术馆

点评：解构主义大师盖里将建筑表皮处理成向各个方向弯曲的双曲面，材料运用了钛合金板，其形式与人类建筑的既往实践均无关涉，超离任何习惯的建筑经验之外。随着日光入射角的变化，建筑的各个表面都会产生不断变幻的光影效果。

图1-37　古根海姆美术馆的内部空间设计

点评：内部空间创造出以往任何高直空间都不具备的变幻莫测的神奇效果，打破简单几何秩序的规律性，具有强烈的冲击力。曲面层叠起伏，使人目不暇接。

图1-38　法国巴黎蓬皮杜国家艺术与文化中心的室内设计

点评：整个建筑物由28根圆形钢管柱支承，其中除去一道防火隔墙以外，没有一根内柱，也没有其他固定墙面。各种使用空间由活动隔断、屏幕、家具或栏杆临时划分，内部布置可以随时改变，使用灵活方便。顶棚各种设备和管道暴露无遗，彰显了设计师对“机械美”的推崇。

图1-39　法国巴黎蓬皮杜国家艺术与文化中心

点评：由著名建筑师皮亚诺和罗杰斯共同设计的法国巴黎蓬皮杜国家艺术与文化中心包括工业创造中心、大众知识图书馆、现代艺术馆以及音乐音响谐调与研究中心共4个部分。建筑外部钢架林立、管道纵横。罗杰斯解释他的设计意图时说：“我们把建筑看作是同城市一样的灵活的永远变动的框架。它们应该适应人的不断变化的要求，以促进丰富多样的活动。”

复习思考题

1. 试着讲讲你对室内设计及其定义的理解。
2. 作为室内设计师应该具备哪些职业技能？
3. 如何学好室内设计这门专业课？

课堂实训

根据你居住的室内空间(可以选择宿舍或你的住宅，也可以是你熟悉的餐厅)，谈谈你对这些设计的看法(优点或需要改进的地方)。

第2章 室内设计原则

学习要点及目标

(1) 了解室内设计与功能的关系。
(2) 通过对人体工程学的了解，熟知人体工程学在室内空间中的重要作用。
(3) 掌握室内设计与环境心理学的关系。
(4) 在室内环境设计中，明晰设计类型，设计出符合人们物质、心理要求的室内环境。

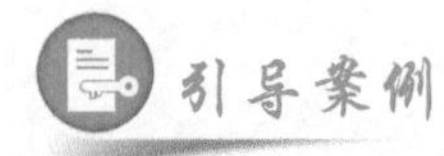

核心概念

使用功能　精神功能　人体工程学　环境心理学

引导案例

福建慢像咖啡屋

图2-1所示是福建福州一家咖啡屋设计。设计师以简约平实的设计风格演绎出温暖恬淡的室内环境。店内空间分为上下两层，周围以玻璃幕墙围绕，在店中就能坐拥窗外优美的风景。室内风格简约，没有过多华而不实的造作，色调选用经典的黑白灰组合，休闲中带着宁静的安详。而如图2-2所示的独立区域则创造了一个平淡与宁静并存的休闲空间，令人难忘。不管是整体效果还是独立区域都在满足使用功能的基础上，充分考虑了空间中各个要素间的互相联系，以及各元素构成的整体氛围所带给人的心理感受，即人的情感需求。

图2-1　咖啡屋

点评：咖啡屋是一个充满温情的小天地，以温暖的木质材料打造建筑立面，干净素雅的色调带来舒心的气息。随处可见的小绿植、有趣的小摆件、琳琅满目的书柜，营造着一种小资的意境。店内墙壁用蓝灰的玻璃幕墙装饰，增强了视觉上的空间感，为了增添空间中的色彩，设计师在众多木色桌椅中设置了个别鲜红色的座椅，由于数量少，不会造成视觉混乱，反而有种让人眼前一亮的感觉。

点评：咖啡屋的独立区域都笼罩在干净素雅的气氛中，落座于窗前，小台灯弥漫着暖暖的灯光，射灯迷蒙的光线洒在桌上，店内放着舒缓的音乐，再来上一杯香醇的咖啡，是何等惬意之事！

图2-2　咖啡屋的独立区域

要想为室内设计界定一个亘古不变的原则实在很难，然而室内设计的终极目的就是让人享受到更加舒适、惬意的室内环境，因此要使室内设计充分发挥其作用，获得最佳效果，达到预期目的，还是有一些基本规律可循的。这些原则概括起来就是：在一定条件下，不仅要综合满足各种功能的要求，又要使设计符合人们的审美的需求，并具有独特的创意。这里所指的一定条件，是指特定的地理位置、气候条件、民族风格和地方特色。功能要求是指使用功能与精神功能双重要求，室内设计除了要满足使用功能的需求外，还要满足人们精神上的美感要求。无论什么样的室内设计，都是为人和人的活动服务的。因此，设计还要符合人体工程学与环境心理学的要求。室内设计同绘画、音乐等艺术不同，设计师还要将设计变为现实，要进行施工、制作并付诸使用，所以它不可避免地要受到物质和技术条件的严格制约。要想做好室内设计就必须了解构成室内设计的各个要素以及诸要素之间的关系，才能真正体现出“为人而设计”的根本宗旨，也才能完成室内设计的根本任务。

2.1 室内设计与功能的关系

功能是室内设计的基础，它包括使用功能和精神功能。使用功能首先要求室内空间能满足使用、安全、卫生等基本要求，还要为人们提供舒适与科学的物理环境。作为一名室内设计师，既要考虑空间的尺寸、比例关系，又要考虑人的活动规律和活动范围，从而合理配置家具、设备、照明、通风等。而精神功能则是在使用功能基础上充分考虑使用者的民族、文化背景、年龄、身份等因素，从而使设计符合人们的审美需求。只有将使用功能与精神功能完美结合，才能设计出优秀的室内空间。如图2-3所示，作为家庭聚会的客厅，要有良好的光照条件，且家具和陈设应符合这一空间的使用要求；而如图2-4所示的餐厅，则更加强调就餐环境的温馨与舒适。

图2-3　客厅

点评：落地的大玻璃窗将阳光引入室内，使客厅清新明亮，沙发的颜色以及茶几上的陈设都给人一种清新淡雅的感觉。白色的沙发与墙面简洁大方，配以暗红色的抱枕，为空间增添了一抹亮色，营造出舒适温馨的会客环境。

图2-4　餐厅

点评：室内设计的最终目的是创造宜人的空间环境，宜人之身，并宜人之心。餐厅要营造的是一种其乐融融的就餐氛围，热情的红色不仅能够增进人们之间的感情，而且能够增加人们的食欲，具有一举两得的作用。餐厅中的橙色条纹形地毯也是一大亮点，由于空间的顶面和立面没有做过多的装饰，地毯起到了很好的装饰作用，既美观大方，又与红色的沙发相呼应。这一设计不仅从功能上满足了人们的就餐需要，也符合人们的审美需求。

2.1.1 室内设计与使用功能

每一座建筑都有自己的使用功能，其内部空间设计离不开人的使用要求。作为住宅的建筑，其使用功能即为家庭或个人提供居住的空间。其内部的空间以起居室为例，主要功能包括休闲、会客、视听娱乐、家庭聚会等。如图2-5所示，在设计这一住宅区域的时候首先应考虑起居室是全体家庭成员的公共活动空间，属于“动”的一类的功能区域，因此，尽量放到对外联系方便、离入口或通道比较近的地方，并应远离卧室“静”的功能区域。只有合理、科学地按照使用功能进行设计，才能真正达到为人服务的要求。

图2-5 起居室兼餐厅

点评：起居室和餐厅都是居住空间中家人聚集的中心，所以在空间组织时要远离卧室。这一设计就将这两个功能空间放在了彼此衔接的地方，而卧室则被安排在图中左侧的通道尽头。连通式的起居室和餐厅具有拉伸空间的功能，显得整个空间通透明亮，设计师利用一组黑色储物柜进行划分，虽然简单却很实用。

1. 使用功能与空间尺度的关系

使用功能决定了室内空间尺度的大小，使用者的要求也是空间面积的制约因素。如图2-6所示，住宅的茶饮区是家庭的共享空间之一，它在住宅中面积随住宅总体大小而定，也有可能因为居住者不需要此区域而不做相应的设计。如图2-7所示，盥洗室的空间属于住宅中的必要区域，但其面积在整个空间中相对较小，这是由于其承担的功能不同。而同样是卧室，酒店与住宅的尺度就有很大差别；同样是教室，公共课教室就比专业课教室大得多。因此，即使同一功能的室内空间也会因为使用者的要求不同而使空间尺度产生很大的差异。这足以说明使用功能是室内空间尺度的首要因素。

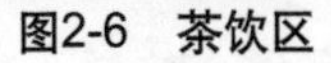

图2-6　茶饮区

点评：小小的茶饮区体现出设计师的匠心独运，立面与顶面一体化的设计配以三盏造型各异的吊灯，为居住者打造了个性独特的休闲空间。品茶主要是精神上的享受，精致的家具和茶具足以满足茶饮区的精神享受功能，这个不大的区域也因此设计而变得更加精致。

图2-7　洗手间

点评：设计师将此洗手间打造得既隐蔽又不失其高雅绚丽，充分满足了洗手间的功能要求，同时也让其功能性与美观性达到了统一。暗蓝色的马赛克墙体呈流畅的弧线形，具有美感的同时十分富有新意，让人过目难忘。

2.　使用功能与空间形状的关系

空间的形状是指长、宽、高三者的比例关系，不同的空间形状会使人产生不同的感受。因此，在设计空间的形状时必须要考虑使用功能的要求，同时也要注重使用者的心理感受。室内设计实际上就是合理地使用空间，什么样的空间形状在设计中才是最科学的呢？如图2-8所示，会客室为了显示宾主的平等关系，最好使用方形；再如教室，学生在看黑板时，视线范围受限，所以不应将室内的宽度设计得过宽，可以采用矩形；报告厅、电影院或剧院(见图2-9)的平面形状一般应为扇形，垂直空间的形状呈阶梯状，这是基于视听方面的功能要求；天文馆的穹顶则是因为需要演示太空现象的特殊功能决定的。因此，使用功能直接制约着它们的空间形状。

图2-8 会客室

点评：别墅的会客室被设计成方形，使主人与客人之间的距离既亲密，又保持了一定的距离。白色与灰色的沙发让会客空间和谐宁静。几个红色的靠垫和带有红色的装饰画给这一空间增添了几分色彩，波浪形的地毯与周围的陈设物在色彩上协调统一，毫无违和感。

图2-9 剧院

点评：阶梯状的设计可以使每位来宾的视线不被遮挡，同时，这种设计也会有拢音的效果。

3．使用功能与空间性质的关系

室内设计师要根据使用功能为室内空间合理规划良好的采光、照明、通风、隔音、隔热、绿化等。使用功能的不同，要求空间的性质也不尽相同。空间性质包括室内的自然照明与人工照明、通风、隔音等。例如，影剧院的特殊功能，观影区域无须任何自然照明，其人工照明则仅需满足人们在观影前后的一般照明即可，而这一空间则需要有良好的隔音要求，避免内外部的相互干扰；教室由于学生书写、观看黑板的需要，在采光上不仅要有很好的自然光，还要求配合明亮的人工照明；住宅的起居室因其是人们日常的活动空间，它在照明、通风的要求上都要好，而卧室要提供安静舒适的休息空间，因此对隔音的要求更高，而这些区域都要有良好的通风。除此之外，现在人们对绿化的要求越来越高，绿化除了能够起到内外环境的沟通和活跃室内色彩的作用，还可以调节室内的空气，有益于人的身心健康。空间性质的科学处理会为人们营造舒适、和谐、惬意的室内空间。图2-10所示是家庭的地下视听空间设计。

图 2-10　地下影音室

点评：此设计为地下家庭影音室。设计师将此地下室设计为影音室，既满足了其隔音要求，也避免内外部的干扰。此空间不需要过多的自然采光，筒灯式的人工照明满足了使用者的需求，墙壁则设计成整体的软装包围，当身处其间的时候，能够感受到温暖惬意。家具的选择则是高度较低的沙发，做了地面的部分跌级，使得家具和空间融为一体，一方面获得影院般的观影感受，另一方面也使家庭成员能够更为方便密切的交流，突出了家庭影院的“家”字。

2.1.2 室内设计与精神功能

黑格尔把建筑的起源归结于人类寻找精神家园的缘故，而不只是为了纯粹的使用功能。如果说建筑物提供了现实的、富有诗意的内容，而室内设计则诠释了使用者的精神气质。由此，我们可以把室内设计理解为一种由建筑内部空间来实现的精神上的秩序，它以此实现其精神功能。精神功能是指在满足使用功能的同时还要满足人的精神生活需求。正如美国有机建筑的设计大师赖特说的那样：“一所理想的房子必须能够让人安居，而这除了把空间改造成具体的场景位置外别无他法。”它应从人的心理需求出发，契合人们的思想情感，但绝不是简单的审美、装饰需求，还有认知性、象征性、社会性等深层次的精神需求。室内设计师在进行设计时要充分考虑不同人的文化、个性、职业、社会地位。根据使用者的追求、爱好、愿望、审美情趣、民族文化等差异来进行设计。在处理空间形式和塑造空间形象上要充分体现使用者的个性要求，对空间中的各种元素进行综合创造，把家具、陈设品等整合为和谐统一的环境艺术，从而达到渲染空间气氛的目的，创造出符合一定文化内涵和精神需求的室内空间，也只有这样才能发挥其相应的精神功能。

精神功能实际上是人的“感知综合体”在室内设计中的具体表现。人是通过感官作用于我们的大脑，使我们形成感觉、知觉，进而形成满意、厌恶、喜爱、讨厌的情感表现。又因为人的认识不是千篇一律的，每个人的兴趣、性格不同，在审美上会出现不同的差异。例如，有人喜爱热烈、奔放的设计；有人喜欢清新、淡雅的设计，这些特点反映了因个性不同所要求的设计不同。年轻人活泼、充满朝气，中老年人含蓄、稳重，这是年龄所决定的人群特点。由此可知，使用功能多是满足人在共性上的需要，而精神功能则多是满足人在个性上的需要。

中国古代宫廷建筑中的黄瓦顶、白玉阶、金龙座，雕梁画栋，不正是为了彰显皇家的气派吗？哥特式建筑那高耸的内部空间，恰恰营造出飞升的意境，使信徒们产生飞往彼岸世界的升空境界。

室内设计的精神功能在每个历史阶段以及不同类型的建筑中都有体现。这里就从宫殿建筑、宗教建筑、住宅建筑三种建筑理解室内设计的精神功能。

英国的爱孟华·培根在他所著的《城市的设计》(*Design of Cities*)一书中说：“也许在地球表面上人类最伟大的单项作品就是北京，这座中国的城市设计作为皇帝居住的居处，意图成为举世的中心标志。城市深受礼制和宗教观念束缚，这已经不是我们今日所关心的事情。可是，在设计上它是如此辉煌出色，对今日的城市来说，它还是提供丰富设计意念的一个源泉。”而北京城中最杰出的建筑当属明、清两代的皇宫——故宫。故宫的三大殿是举行朝政的地方。主殿太和殿(见图2-11)俗称金銮殿，是皇帝登基即位、大朝、颁布诏令以号令天下的地方。太和殿采取最尊贵的庑殿屋顶，黄瓦重檐，殿内面积达2000多平方米，从地面到屋脊的高度达35m，是故宫建筑中高度最高、体量最大的建筑。太和殿的内部以中轴线对称形式设计，殿中央是金漆台基，上设皇帝宝座，宝座后面安置金漆雕龙屏风，另有六根金色盘龙柱围绕在宝座两侧，其坐落在七层台阶的高台上，使文武大臣都在皇帝脚下。殿内以龙凤主题为装饰，顶棚是金龙图案的天花藻井。整个大殿简直就是龙的世界，这种设计思想和其要表现的精神功能是一致的，营造了皇权至高无上、威慑群臣的精神空间，风格气势磅礴、庄严肃穆。在色彩的选择上，则以金色、棕色为主，加之殿内光线较暗，营造出一种神秘的空间气氛，更使人们在皇帝面前不寒而栗。这种设计恰恰符合了统治者在精神功能方面的需求。

自古至今，从东方的寺庙(见图2-12)到西方的哥特式大教堂(见图2-13)，宗教建筑都在建筑史上占有重要的地位。无论是中国的佛教还是西方的基督教，其建筑都有其独特的艺术形式，内部空间也具有迥异的设计风格。然而所有的这些宗教建筑却有着相同的室内特征，让人身在其中，顿时感到形如蝼蚁，凸显出神的伟大与自身的渺小，将人完全笼罩在神秘的宗教氛围中。

图2-11　太和殿

图2-12　寺庙中的古塔

图2-13　哥特式教堂

正如马克思在讲到欧洲天主教堂时说的那样：“巨大的形象震撼人心，使人吃惊。这些庞然大物以宛若天然生成的实体物质来影响人的精神。精神在物质的重量下感到压抑，而压抑之感正是崇拜的起始点。”例如，中国佛教寺院，室内供奉着尺度巨大的佛像，通过各种佛像、壁画营造出虚幻、崇高的意境，置身其中让人感受到一种拯救众生的精神力量。正像存在主义大师海德格尔说的那样："希腊神殿只是竖立在龟裂的谷地中。而它围住了神的象征，通过神殿，神得到呈现。神的这种呈现是神殿作为一个神圣区域的一种延伸和界定。"今天当人们再次踏进雅典卫城瞻仰帕特农神庙时，虽已只是残垣断壁，却依旧能感受到古典文化的张力以及精神的慰藉。还有古埃及的卡纳克神庙大殿的那134根粗壮的柱子，每根柱子都展现出昔日太阳神阿蒙的巨大力量，如图2-14所示。

图2-14　卡纳克神庙大殿

卡纳克神庙大殿的大柱厅，宽度为102m，深度为53m，在这个厅中有134根13m至23m高的柱子。柱顶为开放的纸莎草花，周长为15m，可容纳50个人在上面站立。想象一下，这些石雕彩绘的大柱已经在这里站立了几十个世纪。整座大厅用如此密集的粗柱创造出一种震撼人心的效果。置身其中，人们不禁感到自身的渺小。据说当年建造卡纳克神殿时，将工匠、祭司、卫士、农民全包括在内，共有81 322人为这座神殿付出了汗水。

西方宗教建筑则以哥特式教堂最为典型，图2-15所示是法国夏特尔大教堂。尖拱拱肋的结构，细长的线条挺拔向上，形成了高耸的室内空间，墙壁上镶嵌的彩绘玻璃描绘的是《圣经》的故事。整个教堂神秘而崇高，使信徒的精神完全笼罩在神秘的气氛之中，从而实现其精神寄托。对此，美国耶鲁大学教授卡斯腾•哈里斯在其著作《建筑的伦理功能》中认为："哥特教堂有两重含义，一种是它代表了天堂之城，是人类理想的秩序；另一种意义是它代表了宇宙。"

室内设计的精神功能在宗教建筑中主要是体现神灵的崇高，突出神秘色彩。在此，室内设计的精神功能往往与社会文化具有内在的联系，其象征性得到了最彻底的体现。著名的佛教寺院建筑总能传达一种处于这个世界中的特定方式，一种特定的精神气质。

图2-15　法国夏特尔教堂

点评：法国夏特尔教堂，建造于1194—1220年，是哥特式建筑的代表作品之一，大面积的彩色玻璃窗使得教堂室内的空间沉浸在一片彩色的光晕中。

美国人本主义心理学家亚伯拉罕·马斯洛(Abraham Harold Maslow)的“需求层次论”认为人的需求是从生存的需求向安全的需求、社会需求(归属和爱的需求)、尊重的需求、自我实现的需求不断发展的。因此，对于住宅室内设计则需要考虑大众的多种层次需求，利用多样的设计手法，在使用功能的基础上，满足不同人的精神生活需求。明末清初的李渔在《闲情偶寄》中写道：“居室之制，贵精不贵丽，贵新奇大雅，不贵纤巧烂漫。”从中不难看出那一时期文人在室内设计风格上的精神追求。作为室内设计师在进行室内设计时，必须根据使用者的年龄、职业、民族、兴趣等多方面进行综合考虑，并研究不同人群的情感意志与审美特征，再通过空间的划分、家具的布局摆放、色彩的选择等来创造赏心悦目的空间形象。

综上所述，室内设计的精神功能无处不在。它通过物质材料，以概括、含蓄的形式将内在的意境展现出来，给人在情感上以强烈的影响，同时直接渲染了人们的生活氛围，从中也传达出特定的文化精神和民俗理念。

实践证明，一件好的设计作品必须是内容与形式的统一，对于室内设计来说就是功能与形式美的统一。功能是内容，形式是内容的外在表现，将二者有机地结合起来，是当前室内设计应该遵循，也必须遵循的一条原则。作为室内设计师，只有创造出具有个性特色的、优美的室内环境才能唤起使用者的情感共鸣。

2.2 室内设计与人体工程学的关系

室内设计的主要目的是要创造有利于人身心健康、安全舒适的工作、生产、生活的良好环境。要想真正创造一个标准化、合理化的室内环境，就必须依据科学的数据使室内空间尺度、家具尺度以及室内环境诸因素符合生活的需要，从而达到有效提高室内使用功能的效果。而人体工程学正是为这一目标服务的系统学科。因此，室内设计师必须掌握人体工程学的相关知识，将其运用到设计实践中，创造出理想的人居环境。

2.2.1 人体工程学的含义与发展

人体工程学是以人、物、环境作为研究对象，分析它们之间的相互关系、相互影响的学科。由于其学科内容的综合性、涉及范围的广泛性以及学科侧重点的不同，学科的命名和界定也各有不同。美国通常称之为人类因素学(Human Factors)、人类工程学(Human Engineering)，而西欧国家多称之为工效学(Ergonomics)。“Ergonomics”一词是由希腊词根“ergo”(工作、劳动)和“nomos”(规律、规则)复合而成，意为人们的劳动工作规律。由于该词能够全面地反映人体工程学这门学科的内涵，又因其源于希腊文，便于统一，因此大多数国家就以“Ergonomics”一词为该学科命名。

人体工程学起源于欧美，作为独立学科有40多年的历史。最早在工业社会中，产品进行批量生产的情况下，为了寻求人、机之间的协调关系。第二次世界大战中，为了发挥武器效能，减少操作事故，开始将人体工程学的原理和方法运用到坦克、飞机的内舱设计中。让人在舱内更有效地操作和战斗，减少人员在狭小空间的疲劳感，很好地改善了人-机-环境间的关系。

第二次世界大战后，人体工程学的实践和理论研究成果，被有效地应用到空间技术、工业生产、建筑及室内设计中，1961年创建了国际人类工效学联合会(The International Ergonomics Association，简称IEA)。

及至今日，人体工程学强调从人自身出发，在以人为主体的前提下研究人的衣、食、住、行以及一切生活、生产活动中综合分析的新思路。而由国际人类工效学联合会给出的定义被认为是现今最权威的定义，即人体工程学是研究人在某种工作环境中的解剖学、生理学和心理学等方面的各种因素，研究人和机器及环境的相互作用，研究在工作中、家庭生活中和休假时怎样统一考虑工作效率、人的健康、安全和舒适等问题的学科。

结合我国人体工程学的发展现状以及室内设计，其含义可以总结为：以人为主体，运用人体测量学、生理学、心理学和生物力学等学科的研究手段和方法，综合研究人体结构、功能、心理、力学等方面与室内环境各要素之间的合理协调关系，以适合人的身心活动要求，取得最佳的使用效能，其目标应是安全、健康、高效能和舒适。

2.2.2 人体尺度

人体尺度研究的对象是人体的各部分尺度和比例关系。在室内设计中，人体各部位的尺度都与设计有密切的关系。例如，各种家具的尺度、室内门的高度及宽度等都需要通过测量人体的各部分尺度与人的活动范围来确定。影响室内设计的人体尺寸有两类，即人体构造上的和功能上的尺寸。人体构造上的尺寸即静态尺寸，如头、躯干、四肢都是在静态下测量的；功能上的尺寸即动态尺寸，是指人在工作状态或做运动时的尺寸。

1．静态尺寸

静态尺寸是指被测者在固定的标准位置所测得的躯体尺寸，也称结构尺寸。人体的静态尺寸是室内家具尺度的重要依据，同时也是室内设计中空间尺度的参考依据。室内房间、窗台、墙裙的高度，门的高度与宽度，楼梯的宽度，踏步的高度与宽度，栏杆的高度，扶手的线形等，都离不开人体结构的尺度。图2-16是需要测量的各个人体静态尺寸，表2-1是人体各部位静态尺度。

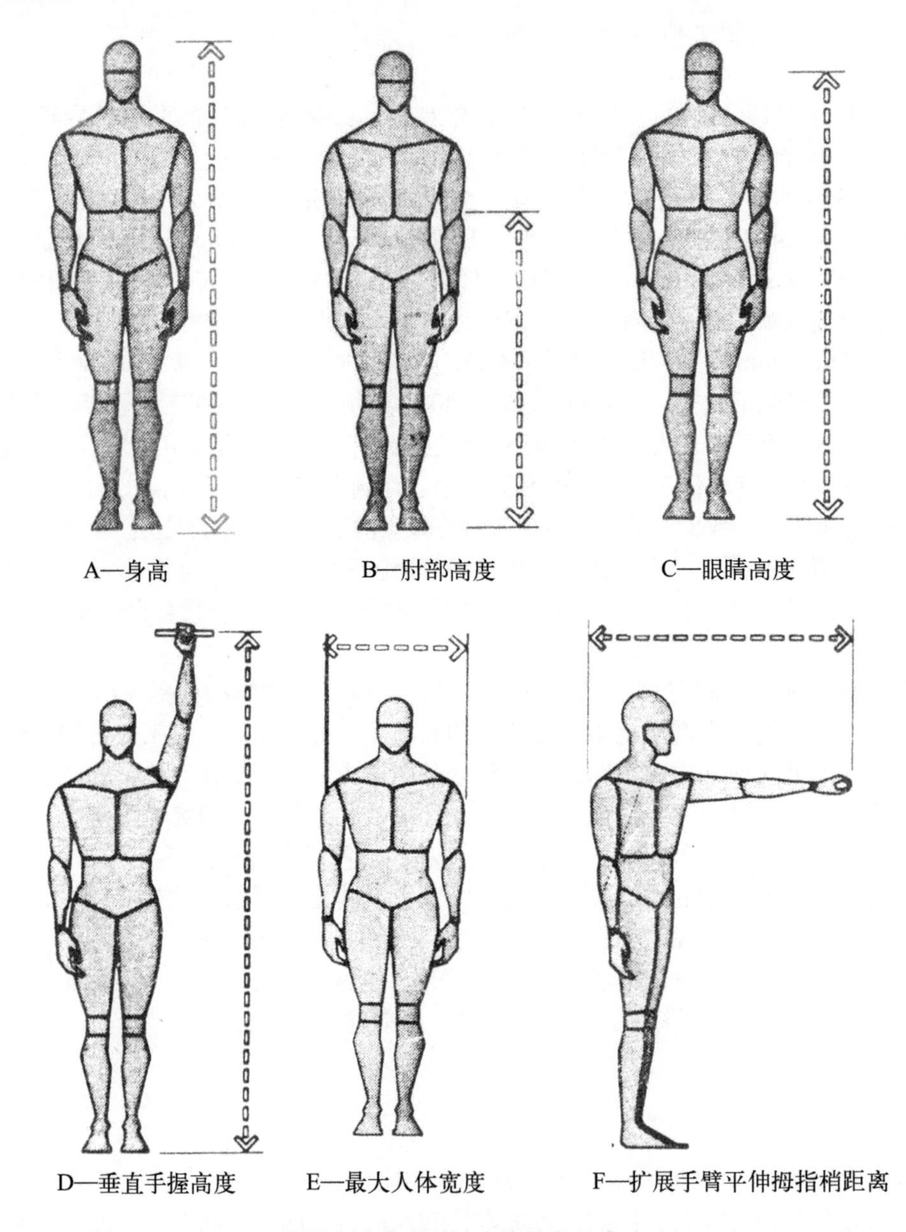

图2-16　需测量的人体静态尺寸

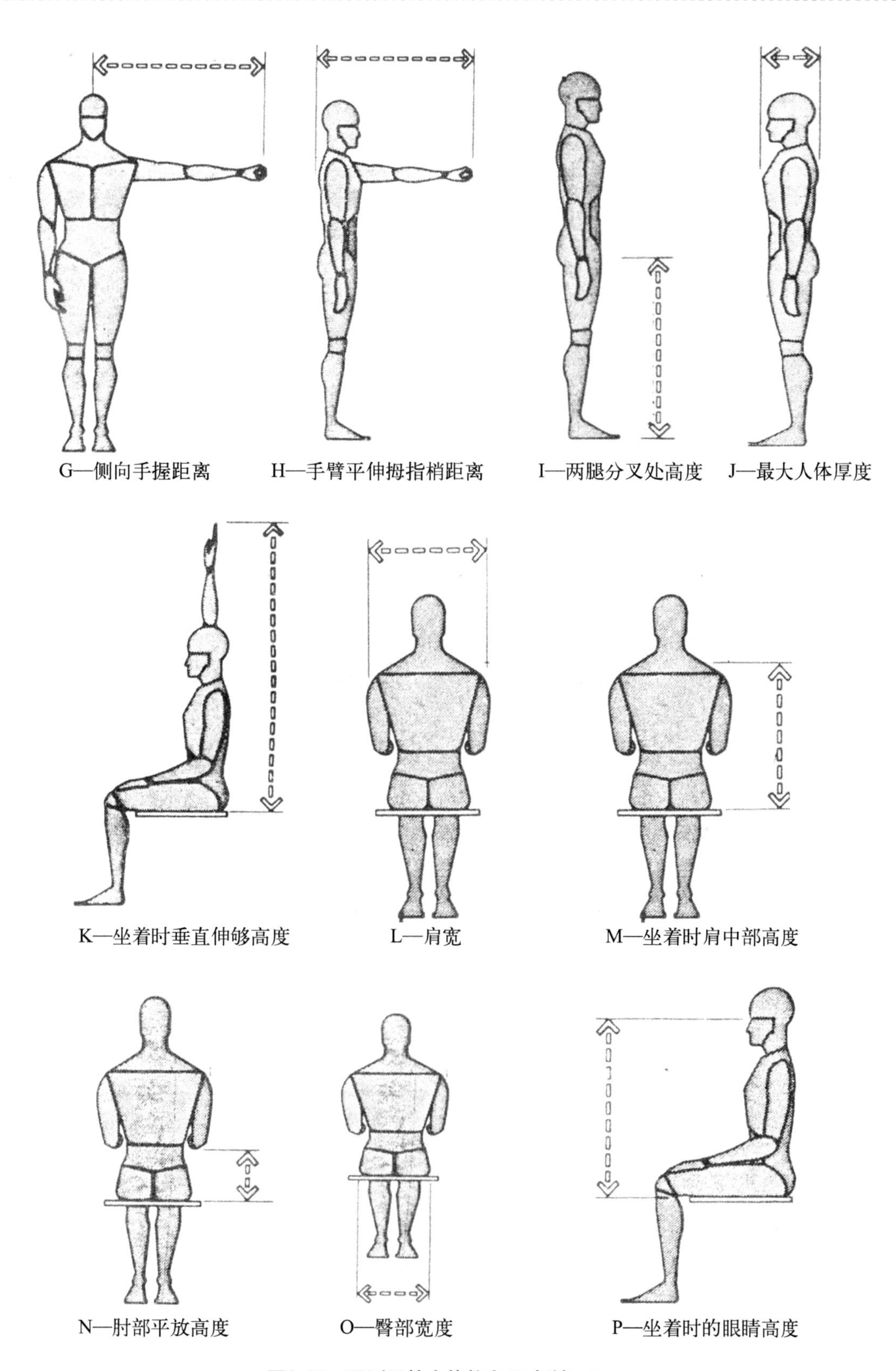

图2-16 需测量的人体静态尺寸(续一)

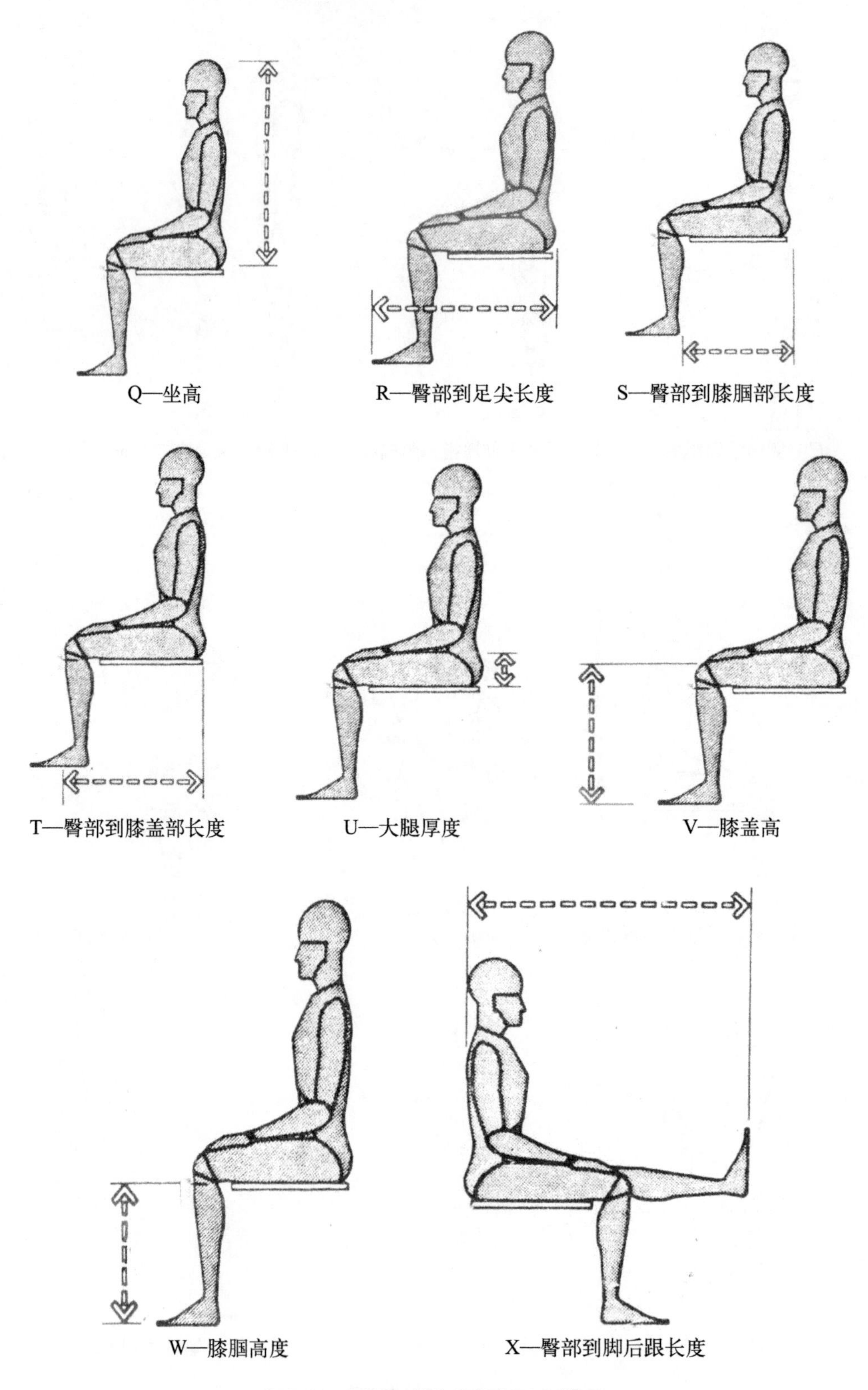

图2-16　需测量的人体静态尺寸(续二)

表2-1　人体各部位的静态尺度

序　号	项　目	成年男性尺寸/mm	成年女性尺寸/mm
A	身高	1700	1600
B	肘部高度	1079	1009
C	眼睛高度	1573	1474
D	垂直手握高度	2148	2034
E	最大人体宽度	420	387
F	扩展手臂平伸拇指梢距离	1050	984
G	侧向手握距离	843	787
H	手臂平伸拇指梢距离	889	805
I	两腿分叉处高度	840	779
J	最大人体厚度	200	200
K	坐着时垂直伸够高度	1211	1147
L	肩宽	420	387
M	坐着时肩中部高度	600	561
N	肘部平放高度	243	240
O	臀部宽度	307	307
P	坐着时的眼睛高度	1203	1140
Q	坐高	893	846
R	臀部到足尖长度	840	840
S	臀部到膝腘部长度	486	461
T	臀部到膝盖部长度	585	561
U	大腿厚度	146	146
V	膝盖高	523	485
W	膝腘高度	439	399
X	臀部到脚后跟长度	1046	960

2．动态尺寸

动态尺寸是指被测者在活动的条件下所测得的尺寸，也称功能尺寸。人在进行各项活动时都需要有足够的活动空间，而室内的活动根据空间的使用功能一般有单人活动、双人活动、三人活动以及多人活动。这些活动包括行走、坐、卧、立等，有些活动还会是一个位置上的几种姿势，这些人体活动的数据构成了动态尺寸。人在室内的尺寸是一个“常数”，它直接反映出人在室内活动时所占有的空间尺度。这是室内设计师必须考虑的内容，随意加大或缩小这些常量都会使人在空间中感到不适。图2-17～图2-20给出了人体站、立、跪、卧四种活动时的基本尺寸范围，图2-21所示为人体基本动作尺度空间范围，图2-22所示为人体各种动作所占空间的尺度。

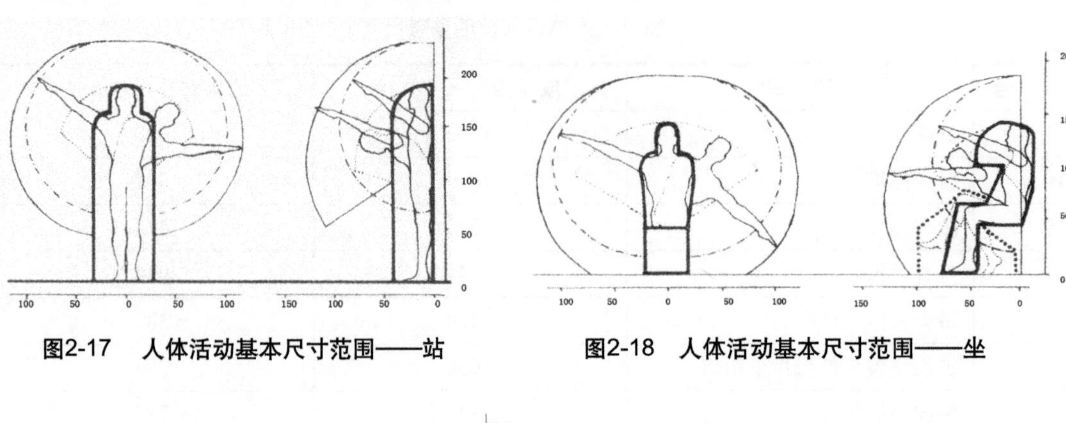

图2-17　人体活动基本尺寸范围——站

图2-18　人体活动基本尺寸范围——坐

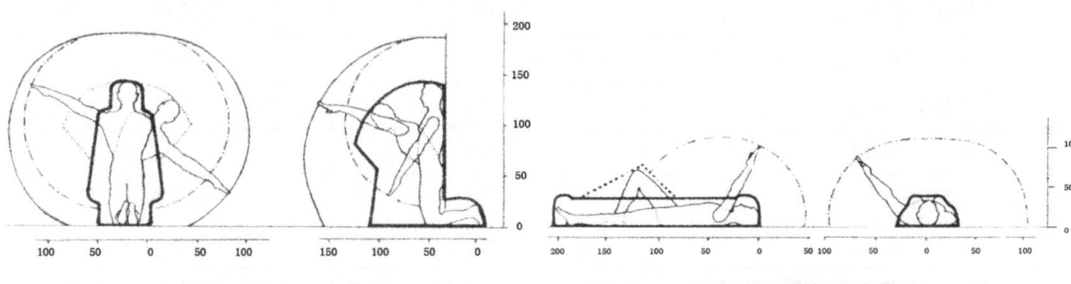

图2-19　人体活动基本尺寸范围——跪

图2-20　人体活动基本尺寸范围——卧

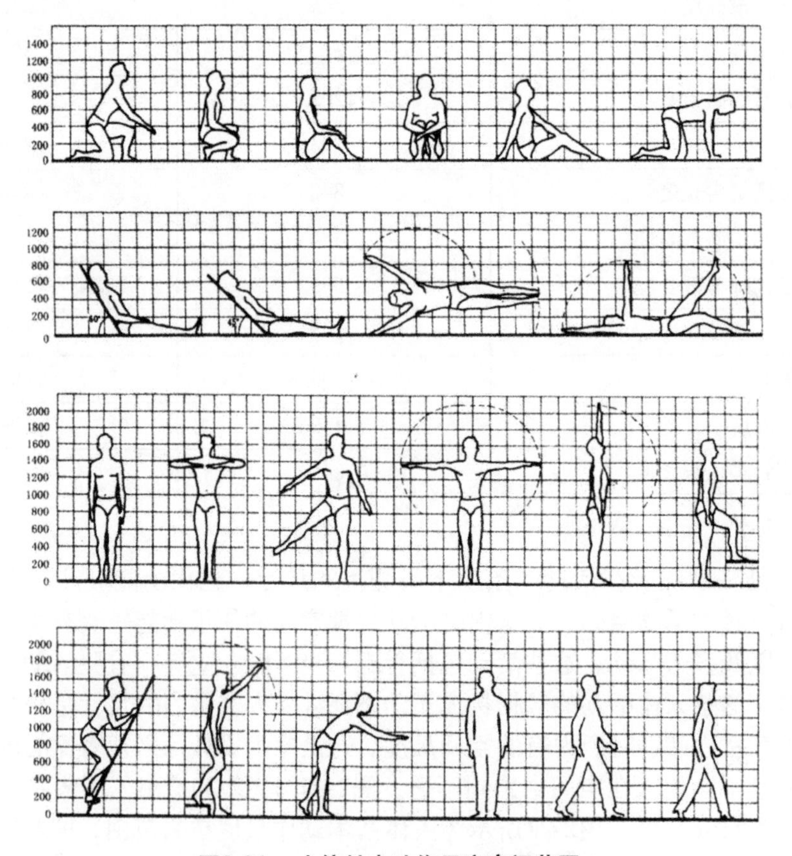

图2-21　人体基本动作尺度空间范围

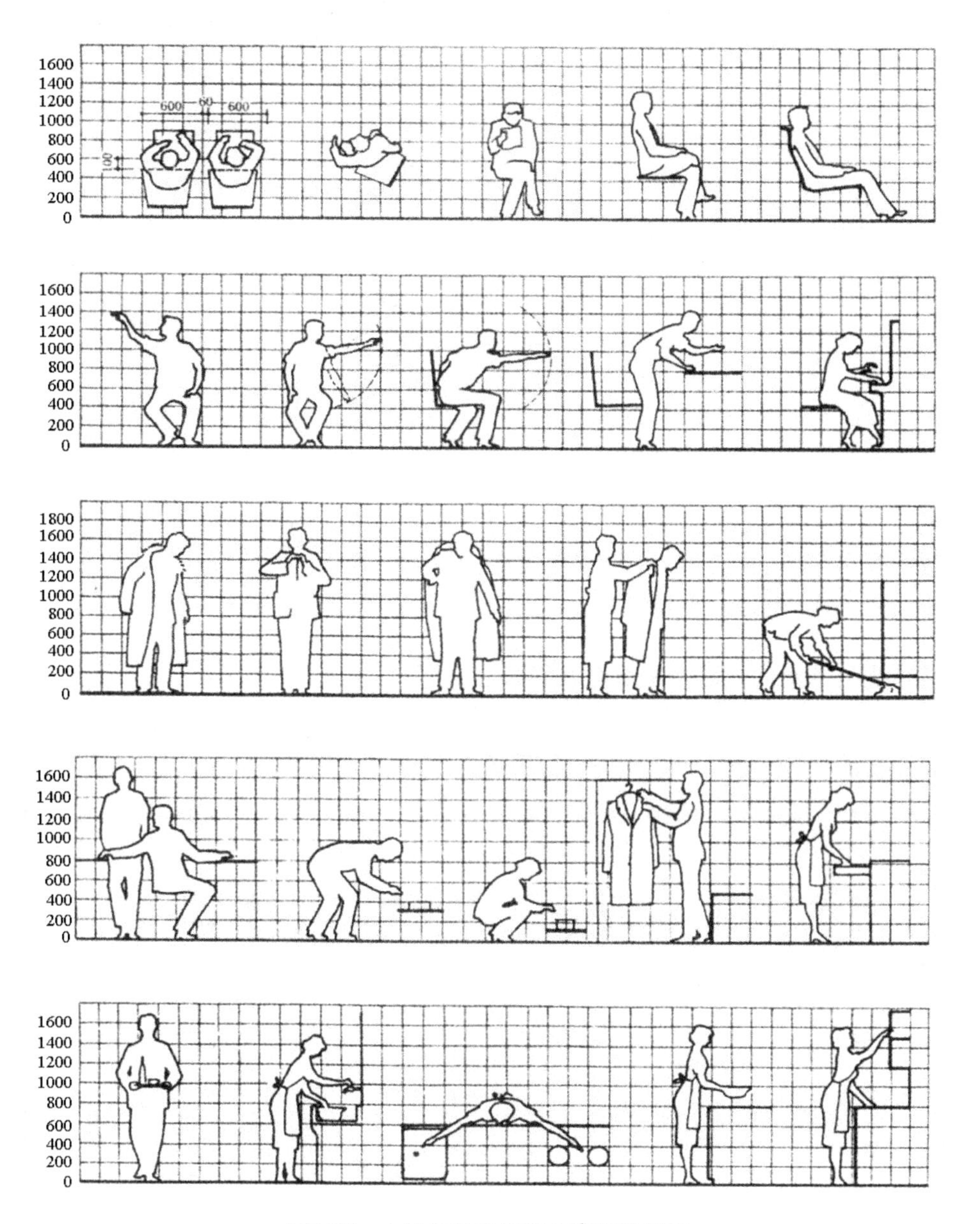

图2-22　人体各种动作所占空间的尺度

2.2.3 人体工程学在室内空间中的作用

室内设计师在进行室内设计时，必须要依据人体的尺度对空间尺度、家具尺度等进行设计。例如在餐厅，双人就餐时要根据人体坐着时大腿高度设计餐桌高度，还要考虑当人移动座椅起立时所占空间，另外，要留出送餐者的通行距离。图2-23所示为双人就餐时的空间尺度要求，图2-24所示为多人就餐时餐桌与餐桌的空间尺度(两个图中单位是毫米)。此外，还要考虑空间色彩对人产生的心理效应，室内声音、湿度使人产生的反应。这一切都与人的各部位尺度与肌体发生作用。因此，我们的设计，都应以人的基本尺度为模数，以人的感知能力为准则。

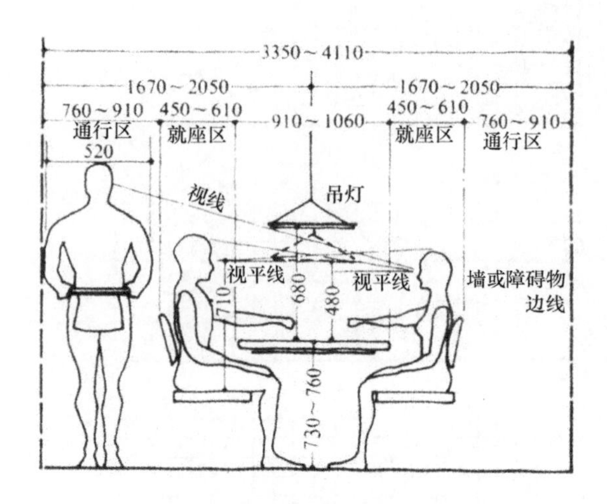

图2-23　双人就餐时的空间尺度要求

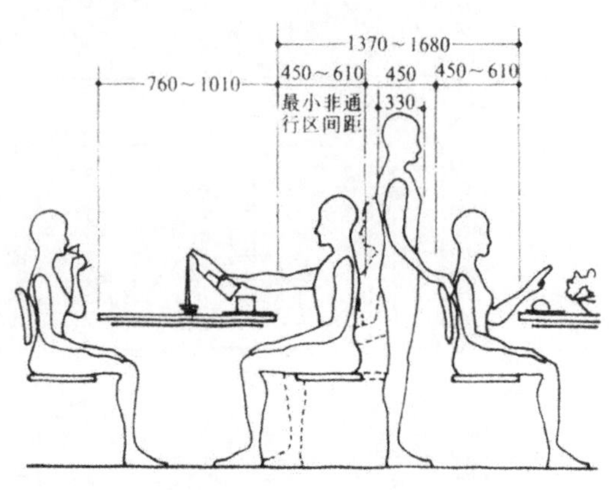

图2-24　多人就餐时餐桌与餐桌的空间尺度

1．为确定人在空间的活动范围提供依据

根据人体工程学中的有关测量数据，结合空间的使用功能(住宅、办公室、餐厅、商场等)，以人体尺度、活动空间、心理空间以及人与人交往的空间等因素为依据，确定空间的合理范围。如图2-25所示，在公共办公空间要依据双人通行的尺寸确定各排办公桌椅间的距离。

图2-25　公共办公室

点评：从图2-25中的办公室不难看出，设计者在设计时需要注意桌椅之间的距离，以及当人们坐在椅子上时的活动是否会影响到过道的使用。除此之外，还有在一定的空间中，如何运用人的尺度进行空间的划分，使得空间分区明确的时候，各分区还能保证舒适、实用。这些都需要设计师准确地掌握人体工程学，将其严谨地应用在实践之中。

2．为确定家具尺度及使用范围提供依据

不管是坐卧类家具还是储藏类家具都应该是舒适、安全与美观的，因此它们的尺度必须依据人体的功能尺寸及活动范围来确定，以满足人们的生理、心理要求。同时，人在使用这些家具的时候，周围必须留有充分的活动区域和使用空间。例如，写字台与座椅之间必须留有足够的空间，以便使用者站立与活动；而餐桌与餐椅之间除应留基本的活动空间外，还要为上菜者和其他通行的人留有适当的空间。这些都要求设计师严格按照人体工程学中的人体尺度来进行设计。

3．提供适应人体的室内物理环境的最佳参数

室内物理环境主要有室内热环境、声环境、光环境、辐射环境等。设计师在了解这些参数后，可以做出符合要求的方案，从而使室内空间环境更加舒适、宜人。表2-2给出了室内热环境的主要数据。

表2-2　室内热环境的主要数据

项　目	允 许 值	最 佳 值
室内温度(℃)	12～32	20～22(冬季)，22～25(夏季)
相对湿度(%)	15～80	30～45(冬季)，30～60(夏季)
气流速度(m/s)	0.05～0.2(冬季)，0.15～0.9(夏季)	0.1
室温与墙面温差(℃)	6～7	＜2.5(冬季)
室温与地面温差(℃)	3～4	＜1.5(冬季)
室温与顶棚温差(℃)	4.5～5.5	＜2.0(冬季)

以上讨论了室内设计与人体工程学的关系，同时给出了人体在静止与活动时的一些常用数据。除此之外，设计师在进行室内设计时还应该注意以下几个问题，即哪类尺寸按较高人群确定，哪类尺寸按较矮人群确定。

(1) 尺度按较高人群确定的包括：门洞高度、室内高度、楼梯间顶高、栏杆高度、阁楼净高、地下室净高、灯具安装高度、淋浴喷头高度、床的长度。这些尺寸一般按男性人体身高上限加上鞋的厚度确定。

(2) 尺度按较低人群确定的包括：楼梯的踏步、盥洗台的高度、操作台的高度、厨房的吊柜高度、搁板的高度、挂衣钩的高度、室内置物设施的高度。这些尺寸一般按女性人体的平均身高加上鞋的厚度确定。

2.3 室内设计与环境心理学的关系

人们可以按照自己的心理特点设计理想的环境，而新颖的、舒适的外界事物(人工环境)也会反过来对使用者产生积极的作用。例如，设计新颖奇特的购物中心，会让顾客对其产生好奇心，从而刺激消费；简洁、明亮、高雅、有序的办公环境(见图2-26)，能大大提高员工的工作效率。这些都来自人对环境的心理感受，它们之间相互影响、相互制约。

图2-26　办公室

点评：这是一家投资集团的办公空间设计，室内以金、黑、白、灰这几个无彩色系进行设计，令空间大气、庄重，透着一股低调的奢华。简约的白色天花板设计，不会给工作人员造成心理上的压抑感，墙体与地面造型上的延续透露着些许趣味性，打破了乏味枯燥的办公环境。

2.3.1 环境心理学的含义与内容

对于室内设计专业来说，环境是指“周围的境况”，是带给使用者种种影响的外界事物，其本身具有一定的秩序、模式和结构。人们可以按照自己的心理特点设计理想的环境，而这些新的、舒适的外界事物(人工环境)也会反过来对使用者产生积极的作用。因此室内设计师在围绕不同中心进行设计的时候，应充分考虑人的心理特征，使室内环境符合使用者的要求。“环境心理学”正是以心理学的方法对环境进行探讨，分析人与环境的关系，启发、帮助设计师创造最佳的室内人工环境。

人的心理与行为尽管存在差异，但还是具有一定的共性。这里从以下三方面进行阐述。

1．空间领域、私密性、安全感

空间领域指个人或群体为满足需要，占有或拥有的“一块领地”。例如，公共办公室那一个个被分割而相对独立的个人办公区域，使办公室的每一个人都拥有自己不被外界干扰和妨碍的工作空间。住宅中的视听娱乐区域，则会以视听设备、沙发、地毯明确地划分出这一功能空间。图2-27所示为办公区域。

图2-27　办公区域

点评：该案例以浅色系作为主色调，定下了明亮整洁的视觉基础。使用了金、黑、白这几个无彩色系进行细部与边缘处理，令空间丰富、精致，透着一股低调的奢华，同色系下彩色玻璃与对于色彩隔墙的设计，让空间变得精彩，具有了游乐般的探索感。墙体与家具造型上的选择进一步加强了趣味性，打破平时印象中乏味枯燥的办公环境。

私密性是指室内空间中人的视线、声音等的隔绝处理。住宅、影院对这方面的要求较为突出。住宅中的卧室要求有很好的私密性，以满足主人休息的要求。因此，在空间安排上应避开入口，以远离人的视线，同时还要有很好的隔音处理，这样才能为人们提供舒适、安静的休息环境。

不管是书房还是办公室，人们总愿意坐在能看见入口的位置，这个位置会使人感到安全。因为这样可以很容易地观察到外界的环境变化，不会受到突如其来的惊吓，图2-28所示就是一处设计合理的办公空间。在人流密集的大型集散地，多数人不会无故地停留在空旷的地方，大部分更愿意找一个有“依托”的物体。如果我们仔细观察，在候车厅、地铁的等候区，人们常常会站在柱子的附近，并与人流保持一定的距离。站在柱子的旁边人们似乎有了“依托”，这里更具安全感。

图2-28　办公室设计

点评：办公桌的位置恰好靠着墙壁，使桌前的人有一种“依托”感，从图2-28中的家具摆放位置不难看出，使用者面朝办公室的门，可以很清楚地观察到外部环境，从心理上会有一种安全感。

2．从众与好奇心

从众是指个人受到外界人群行为的影响，而在自己的知觉、判断、认识上表现出与多数人相一致的行为方式。这种心理现象提示室内设计师在布局公共的室内空间时，要有明确的导向性，避免当火灾或其他灾难发生时出现盲从的现象。可以利用空间的形态和照明等设计手段引导人群流向，还应辅助标识与文字。

好奇心是个体遇到新奇事物或处在新的外界条件下所产生的注意的心理。它是人类普遍具有的一种心理现象。设计师在进行室内设计时，可以采用新颖奇特的设计创意诱发人们的好奇心，加深对这一空间的感知度。商业空间如果能够很好地运用这种方法，不但可以吸引新老客户光顾，而且还会使顾客延长停留时间，从而促进消费。多样性、重复性、复杂性、新奇性都可以唤起人们对空间的好奇心。

(1) 多样性：包括空间形态、材料与处理手段的多样性。例如娱乐场所，就可以运用形式多样的造型、丰富的材料、炫目的灯光等来设计室内空间，让人尽情享受快乐时光。

(2) 重复性：在商业空间的设计中，为了让消费者记住商品，设计师往往会使用大量的相同元素(如展架、照明灯具、座椅等)构建，加深顾客对这一空间的记忆，与此同时商品也就自然被记下了。因此重复使用某种符号(如家具、灯具、柜台)也可以调动人的好奇心。

(3) 复杂性：千篇一律的室内风格不会引起人的好奇心，人们往往更愿意探索新鲜、复杂的事物。设计师可以运用屏风、装饰物、家具再次限定空间，创造变化的空间形象。设计师还可以运用混搭的设计手法制造复杂的室内情境，让人产生好奇心。

(4) 新奇性：与众不同的室内环境会令人耳目一新。造型的奇特、家具或事物的超常尺度、陈设品的新颖性，都会激发人们的好奇心。如图2-29所示的书房设计，让置身其中的人在看书的同时也被这新奇的环境所吸引。

图2-29 书房

点评：波浪状的木板构成的木架从地面一直延伸到天花板，紧贴墙壁的木架可以容纳多种小物件。天花板上木板的间隙则可以延展室内空间，波浪状的造型给书房这个“静态空间”增添了些许动感，这样的设计真可谓实用性和创意性兼具。

2.3.2 空间形状与环境心理学

不同的形状会给人不同的心理感受。在室内设计中，整个空间的形态，或方或圆、或高或矮，在出现不同视觉效果的同时，也带给人丰富的心理变化。

正方形给人以规整、严谨的感受；长方形会给人以方向的暗示；圆形的顶棚会使人联想到天空，给人以和谐、完整的心理感觉；高耸的空间会给人以空旷神秘感(见图2-30)，而低矮、狭小的室内空间则会使人感到压抑。因此，室内设计师应根据功能需求有选择地进行设计，对于那些影响人一般心理感受的空间还要运用各种手段、借助不同材料进行改造。如图2-31所示的低矮的空间，设计师可以借用镜面的材料来处理天花，这样会增加纵深感；对于狭小的空间，除了可以使用镜面材料，还可以选择小尺度的家具，以此来改善室内空间的不足。

综上所述，在室内环境设计中，设计师一方面必须明晰设计类型，充分发挥想象力与创造力，设计出匠心独运的意境空间，建立一种情与理的共鸣与延伸；另一方面还要从人的心理活动和特点出发，正确分析、判断设计实施后的预期效果，即设计的物化效应。运用可利用的一切设计手段，设计出符合人们物质心理要求、适用而又赏心悦目的优美的室内环境。

图2-30 教堂

点评：图2-30所示为意大利一处教堂的设计。高耸的空间恰恰符合教堂的要求，圣坛后墙面上的耶稣头像是用小块的大理石做成的，在光照的作用下更为教堂增加了神秘感。

图2-31 住宅入口

点评：狭长的走道略显低矮，石材的使用以及光线下的纹理使空间变得低调而奢华。对于墙面的光域网使用，将视线聚焦在了下半部分，加强了空间的延伸。线性元素和枝丫伸展的动态，金属与石材质感的碰撞，也在光的呈现下出现了不一般的精彩。此外，与室内连接处的不锈钢面以及顶部的局部下压，在两个空间的对比层面，对入门空间进行了感性的拔高。

复习思考题

1. 室内设计中的功能还有哪些以及这些功能在室内设计中的重要性。
2. 随着时代及人们习惯的变化，你能发现哪些与人体工程相关的变化？
3. 除了环境心理学对室内设计有影响外，还有哪些因素对室内设计有影响？

课堂实训

根据此章所学的内容，充分发挥想象力与创造力，设计一个符合人体、心理以及满足情与理共鸣延伸的住宅空间。

第3章

室内空间与界面

学习要点及目标

(1) 了解室内空间的分类。
(2) 掌握室内空间的几种分隔。
(3) 熟练掌握室内空间各个界面的设计方法。
(4) 通过对室内空间与界面的学习，对空间有新的认识。

核心概念

室内空间　分隔　界面　划分

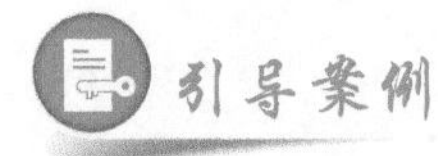

引导案例

别墅会客厅

图3-1所示为苏州太湖天城“水殿风来”别墅样板房的会客厅设计。“人道我居城市里，我疑身在桃源中”，长期生活在繁华且喧嚣的大都市中，人们往往会格外渴求一种安逸、祥和的居住环境，让内心归于平静，身体得到放松。设计师正是考虑到主人的实际需求，通过对样板房各个界面的精心设计来烘托出温馨、雅致的空间环境，打造属于主人的“世外桃源”。

图3-1　会客厅

点评：充满东南亚风情的会客厅，在各个界面的细节设计既烘托了空间氛围，又对功能空间进行了划分。木质天花板上垂落下典雅的花形吊灯，流露出浓郁的异域情调，大体上划分了会客厅的区域空间。而空间中各个立面也大都采用东南亚风格特有的木质隔断或者纱质帷幔进行围合，让室内环境既显得古色古香，又显得浪漫通透。此外，家具陈设间的围合以及深色暗纹地毯的铺设，则是对功能空间进行的更细化的划分，也以此强调了会客厅的使用功能。

与建筑相比，室内空间与人的联系更为紧密。它为人们提供了必要的物质条件，并通过空间塑造满足人的精神需求。室内空间设计是针对建筑的内部空间进行处理，包括各个界面的装饰、空间的组织与划分等。在进行室内设计时，设计师须根据建筑的功能，规划组织空间，通过对空间的划分、形态、体量、静与动、封闭与开敞、上升与下沉、引导与暗示等多种方式，在变化中寻求秩序，形成张弛有度、跌宕起伏的节奏感，使室内的活动得到有效的组织和控制，形成一个完整、统一、丰富的理想空间。巧妙的空间划分，使室内各功能区相对独立又彼此联系(见图3-2)，大红的色彩使公共走廊走向明确(见图3-3)。

界面是空间的六面围护结构体，是室内空间设计的重要元素。它包括室内中的地面、墙面、顶面、柱子等形成空间组合的最基本条件。各界面依靠材质、结构、色彩、灯光等要素内容呈现，是室内设计中关键的一个环节。

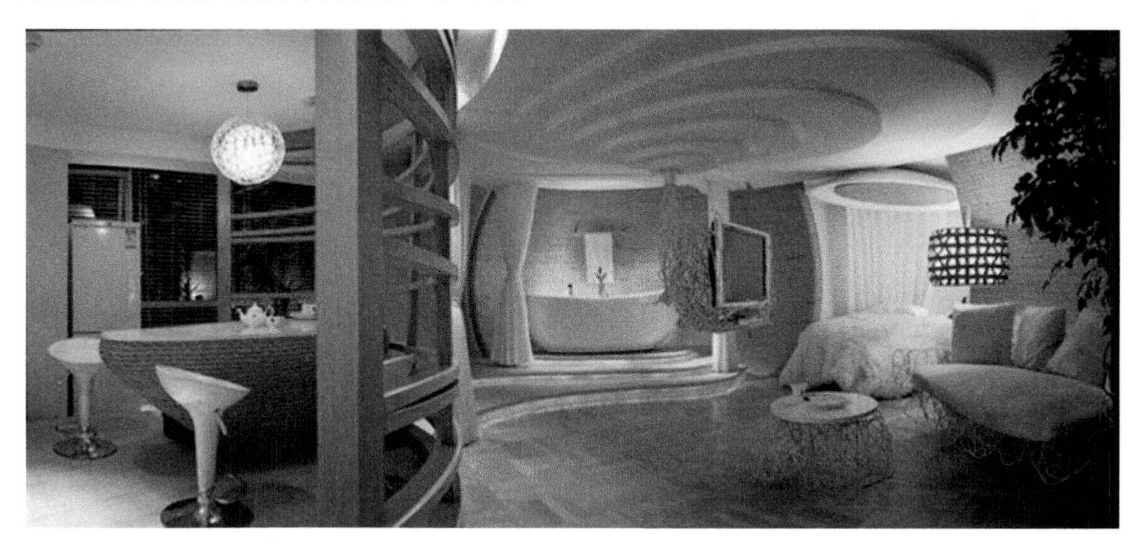

图3-2　小空间住宅

点评：这一空间，设计师以弯曲木线的排列将空间分成两部分，图中左侧为休闲饮茶区，右侧是休息区，这一静一动相得益彰。饮茶区的照明更明确了这一区域。休息区则主要利用了吊顶的变化区分了睡眠区和娱乐区。睡眠区的圆形吊顶营造出安静舒适的氛围，圆形的阶梯吊顶以及垂吊的电视，新颖有趣。住宅的沐浴区域则被安排在休息区的上升空间中。整个设计洋溢着设计师的创作激情，同时也为使用者带来无穷的新鲜感受。

点评：这是办公室的公共走廊。白色墙面凸显了红色楼梯，同时也暗示了空间走向。

图3-3 公共走廊

3.1 室内空间概述与分类

室内空间是相对于室外的自然空间而言的，是人造之物。大自然的空间是无限的，而室内空间不管其面积多大，都是有限的。在室内设计领域里，空间是指在实体环境中所限定的空间，优秀的空间设计不但可以为人们提供生活、工作的场地，同时也提高了人们的生活质量。从古至今，勤劳的人们用智慧和双手创造出适合自己的、舒适的室内空间。

空间的类型多种多样，名称也各有不同，随着科技的发展和人们不断求新的探索精神，不断丰富着空间类型，它也成为设计师寻求室内变化的突破口。

3.1.1 室内空间概述

人塑造了空间，反之空间又影响着人的感知与行为。在现实生活中，公园的凉亭、广场的遮阳棚，都让身居其中的人们感到与外界的分隔，给人带来一个暂时的空间，它满足了空间的最基本要求，达到了室内空间最原始的功能。如图3-4所示，庭院的遮阳伞与座椅形成了惬意的休闲空间。人们在无限的空间中利用各种手段创造出适合自己需要的理想空间。

图3-4 遮阳伞形成的空间

室内设计所研究的空间是建筑内部的空间，它由顶界面(天花)、侧界面(墙体)、地面以及门窗围合而成。建筑的室内空间可以概括为三种：一种是固定空间，即有实体界面限定的封闭空间，这类空间是最容易界定与识别的；另一种是由物体通过围合、覆盖建立的“虚体”，它是有形、体、量的空间，如由沙发、地毯、茶几所组成的休息和接待区(见图3-5)；最后一种空间则是由使用者通过生理和心理的感知所形成的空间，即感知空间。设计者在对空间进行设计时，通过运用灯光、材质、结构等变化对使用者的感官产生影响，让使用者意识到该空间的区域范围和使用功能(见图3-6)。相对于其他两类空间的界定，感知空间的界定相对困难。围合空间与感知空间都包括在固定的空间中。

图3-5 办公空间休息和接待区

点评：该卫浴间的设计通过改变墙面的材质来达成空间划分，即强调功能区域的目的。墙面装饰采用仿砖型墙纸，各台面铺设木质板材并点缀绿植，整个卫浴间的区域给人一种自然柔和的感官体验。区别于起居室、玄关的白墙，通过墙面材质纹样的改变，既强调了空间位置和使用功能，也使空间布局层次更为丰富。

图3-6 感知空间

固定空间与物体围合空间既有明确的物化条件，又有其自身占据空间体量的变化因素。然而感知空间却是由人的心理作用和自身感受，借助光、材质、形式、比例等内容所呈现的空间。这三类空间无论哪类空间都是通过形、体、量来实现的。不管是封闭空间还是开敞空间，固定空间还是虚拟空间，都以其具体的形式体现，并涵盖着内在秩序。

3.1.2 室内空间的分类

建筑内部的空间可以分为固定空间和围合空间(也可称为可变空间或二次空间)。固定空间是在建造主体工程时形成的，它是由天花、地面、墙面围合而成。在固定空间内用隔断、屏风、家具等物体把空间再次分成不同的区域，它可以按照需要进行改变，这种对固定空间的再次处理，丰富了空间的视觉层次，称为围合空间。从围合程度上来分，又可分为封闭空间与开敞空间。与外部联系较少的是封闭空间，和外部联系较多的称为开敞空间。从空间的动与静上来分析，又可以分为动态空间与静态空间。例如有瀑布、喷泉、升降舞台等动态因素的空间称为动态空间，没有动态因素的空间称为静态空间。

建筑内部空间的类型多种多样，因飞速发展的科技水平和人们不断求新的探索精神，未来必然还会出现更多类型的室内空间。下面根据空间的分类介绍几种常见的室内空间类型。

1．开敞式空间

相对于一个有着实体包围的封闭空间，开敞空间则会带给人开阔、明快的心理感受。开敞的程度取决于有无侧界面以及侧界面的围合程度。开敞的大小、侧界面的材质、侧界面的启闭控制能力都会影响到人的心理状态。开敞式空间与外部空间有着或多或少的联系，其私密性较小，强调与周围环境的交流互动与渗透，还常利用借景与对景，与大自然或周围的空间融合。如图3-7所示，落地的透明玻璃窗让室外景致一览无余。相同面积的开敞空间与封闭空间相比，开敞空间的面积似乎更大，呈现出开朗、活跃的空间性格特征，所以在处理空间时要合理地处理好围透关系，根据建筑的状况处理好空间的开敞形式。开敞式空间根据其形式可以分为外开敞式空间和内开敞式空间。外开敞式空间常常是将内部空间的一面或几面与外部空间有序地连接，形成过渡空间。例如，室内空间将一个侧界面以平台的形式出挑，与室外空间相互渗透。内开敞式空间一般会出现在商业空间中(见图3-8)，将室外庭院中的景色引入到室内的视野范围内，使内外空间有机地联系在一起。因此可以看出，开敞空间是流动的、渗透的，更具有公共性和社会性，它可以扩大视野，并提供更多的室外景观，其灵活性较大，为创造新颖、舒适的空间提供了可能。

点评：设计师将会客厅设计为开敞式空间，满足了会客厅的流动性。同时将庭院的景色纳入室内，别具一番开阔的景象。

图3-7　别墅会客厅

图3-8 酒楼共享空间

2．封闭空间

封闭空间是利用较完整的围护实体(承重墙、轻体隔墙等)包围起来的空间，它满足了建筑中人的最基本需求——遮蔽与安全感，是人类获得归属感的最初形式，具有很强的领域感和私密感。这种空间会利用开窗、照明等手段来消除空间的沉闷感，丰富空间，增加空间的层次。封闭空间因为提供了更多的界面，可以轻松地布置家具。它与同等面积的开敞空间相比会显得很小。封闭空间有利于减少各种外界的干扰。它是静止的、凝滞的、严肃的和安静的。如图3-9所示的地下酒窖空间，就是一个典型的封闭空间。

3．动态空间

动态空间是现代建筑的一种独特的形式。它是设计师在室内环境的规划中，利用“动态元素”使空间富于动感，令人产生无限的遐想，具有很强的艺术感染力。这些手段(水体、植物、观光梯等)的运用可以很好地引导人们的视线和举止，有效地展示室内景物，并暗示人们的活动路线。如图3-10所示，水体的引入让空间充满动感、情趣。动态空间可以使用于客厅，但更多地会出现在公共的室内空间，如娱乐空间的舞台、商业空间的展示区域、酒店的绿化设计等。如图3-11所示的展示空间是借曲线形成的动态空间，它可以有效地活跃空间气氛。设计师对动态元素(比如斜线、连续的曲线、交错的形态以及自动扶梯、观光电梯、流水和瀑布等)的巧妙应用会创造出富于连续性、节奏感、多样性的理想空间。

图3-9　别墅酒窖

点评：这是苏州太湖天城别墅样板房的地下酒窖空间，在这个封闭的空间中，设计师在顶面和墙面的设计中，大面积采用了玻璃镜面进行装饰，这样的设计使得空间更为通透，更有纵深感，避免了空间围合的压抑感。此外，明亮的灯光通过镜面的反射形成别样的光影效果，让该空间变得华丽且精致。

图3-10　别墅的厨房与客厅

点评：设计师将室外元素融入室内空间中，使人从繁忙的工作中得到放松。水体与植物的引入让空间富于动感。室内硬朗的直线与灵动的曲线交相辉映，为空间带来活跃的气氛。

图3-11 展示空间

点评：这是散热器的展示空间设计。设计师的灵感来源于对竖琴的观察。散热器被安装在可旋转的黑色板上，而这块黑色旋转板就位于那酷似竖琴外形的中间。

动态空间的特色可以从以下几方面来认识。

(1) 空间组织的灵活，边界具有一定的开放性，周围空间互相渗透、融合。

(2) 利用可调节的维护面、信息展示设施以及自动化设施(电梯、旋转地面等)，创造丰富的动态感。图3-12所示是利用变换的屏幕形成动态的空间。

图3-12 球迷体验中心

点评：这是曼联的互动足球体验中心。在体验中心的媒体中心球迷可以欣赏到世界各地的足球直播赛事。设计师以红色作为这一空间的主要色彩，旨在烘托室内的热烈气氛。

(3) 利用自由曲线或对比强烈、极具视觉冲击力的图案，为人们营造动态的心理感受。如图3-13所示，流畅和谐的空间造型与结构让空间充满了流动感。

图3-13　新罗加伦敦画廊

点评：这是由扎哈·哈迪德建筑师事务所设计的新罗加伦敦画廊。设计师的灵感来源于水的不同形态，天花是由若干“水滴”汇聚而成的流动的“水流”，而各个立面则受到水流的侵蚀和抛光变得十分光滑。整个空间的设计充满现代感，同时也极富动感。

(4) 建筑空间本身的结构和局部空间的分隔也可以给人带来动态效果。

(5) 自然景物的借用，如水体、瀑布、流动的溪水、植物和禽鸟的引入也可以带来无限的愉悦与生机。

总之，动态空间让人从一个新视角观察事物，即自由、活动的方式感受空间，将人融入一个由空间和时间相结合的四维空间。

4．静态空间

静态空间是相对动态空间而言的。为了满足人们的使用功能和心理需求，空间需要有动、静的交错。静态空间的封闭性较好，限定程度比较强且具有一定的私密性，如卧室、客房、书房、图书馆、会议室和教室等。在这些环境中，人们要休息、学习、思考，因此室内必须要做到安静。室内一般色彩清新淡雅、装饰规整、灯光柔和，如图3-14所示的书房设计。静态空间常被安置在住宅的末端或走廊的尽头，以便不被外界干扰。静态空间的特征可以从以下几方面来认识。

(1) 一般为封闭型，限定性、私密性强。

(2) 为了寻求静态的平衡，多采用对称设计(四面对称或左右对称)。

(3) 在设计手法上常运用柔和舒缓的线条进行设计，陈设不会运用超常的尺度，也不会制造强烈的对比，色泽光线和谐。

图3-14　书房

点评：在温柔的暖光源下，整个书房显得温柔而肃穆。木质的书架和厚重的沙发，增加了空间的凝重感，让人感到学习的厚重。书房内从光线到家具陈设的设计，设计师都采用一种均匀的对称，这无疑会给在书房里看书的人带来和谐。

5．流动空间

流动空间是利用空间造型、室内色彩、特殊材料进行设计，使室内产生流动的意境，从而使人产生联想，这种是感觉上的流动；另一种为事实上的流动，设计中利用空间贯通、连续性的手法，做到视线宽广和通透，空间无障碍、阻隔，使空间获得最大限度的连续与交融。如图3-15所示，利用灯带的贯穿为艺术品的展示空间带来新意。如图3-16所示的流动的空间结构使室内连续并无阻隔。

图3-15　展厅

点评：设计师对展厅展墙的设计在其流动性的基础上加以造型设计，让整个展示空间获得最大程度上的贯通、连续和融合，同时也让整个展厅充满趣味性。

图3-16　牙科诊所的等候区

点评：设计师打破了牙科诊所的原有设计，营造了舒适温馨的氛围。流动的空间结构结合了棕色、橙色和红色这些温暖的颜色，预示患者早日康复。

6．虚拟空间

虚拟空间又称虚空间或心理空间，处在大空间之中，没有明确的实体边界，依赖家具、地毯、陈设等的启示，唤起人们的联想，是心理层面感知的空间，同样具有相对的领域感和独立性。对于虚拟空间的理解可以从两方面入手：一种是以物体营造的实际虚拟空间；另一种是指以照明、景观等设计手段创造的虚拟空间，它是人们心理作用下的空间。

图3-17　卫浴间

相对实际的虚拟空间是指借用室内的陈设、家具、地毯、结构构件等物体按照需要布局的空间。它为使用者提供了相对安静、独立的小环境，其限定性并不十分严格，但在使用功能上会与周围环境相隔离，形成小型功能区域。如图3-17所示，卫浴间通过地面铺装以及围帘分隔空间。

住宅的起居室和酒店大堂的休息区等就具有这一特征。这里常以多个沙发成组布局，利用茶几、地毯划分实际虚拟空间，尽管它没有严格的边界，但因为沙发的组合，使人们相聚在这一区域，但又有一定的距离，互不干扰，却交流方便，营造出了和谐、安静、融洽的空间气氛。图3-18所示是沙发形成的休息区。还有图书区为阅读者提供的独立阅读区域，设计师利用矮板隔离，使书写记录不受干扰，且借阅仍很方便。总之，这一形式起到了闹中取静的作用。

图3-18 公共空间休息区

点评：这是国外一个牙科诊所的公共休息区，大型的整体沙发将这个大空间划分出一个公共休息区。

心理作用下的虚拟空间是指利用垂直方向上列柱、水景、灯具等构件形成的虚拟空间，除此之外就是使用独特的色彩、图案、材料、照明等设计手段给人以暗示，进而形成的虚拟空间。另外，顶棚的整体形态设计或灯具的投影所形成的领域感，都能让人在心理上感受到这个空间的存在。如图3-19和图3-20所示的是由顶棚吊顶所形成的虚拟空间，图3-21所示运用几何图案做出一个个的儿童活动区，图3-22所示为几块彩色地毯形成的一个个的儿童活动区。

图3-19 餐厅

点评：这是水岸名居别墅样板房的餐厅设计，顶面的深色木质吊顶的设计是对餐厅区域范围的明确和强调。

图3-20 公共空间的入口接待区

点评：顶棚吊顶的生动造型，加上隐蔽的照明设计，使这一空间既宽敞、明亮，又功能明确。

图3-21 儿童活动室(1)

点评：运用几何图形做出的小空间大大增加了其趣味性，给孩子们独处的空间。

图3-22 儿童活动室(2)

点评：地板上颜色的划分，使孩子们自觉的划分出游玩空间。

概括以上内容，虚拟空间的设计可以有以下几种手段。

(1) 地面的起伏变化形成的虚拟空间。

(2) 天花顶棚的划分或形态变化形成的虚拟空间。

(3) 借用结构构架形成的虚拟空间。

(4) 使用地面材料设计的花纹，或地面上的铺设(地毯、石子)形成的虚拟空间。

(5) 室内景观的营造，家具、陈设品形成的虚拟空间。

总之，这类形式的空间富于象征性，又可使空间活跃、轻松，体现出多种变化和层次。

7. 母子空间

母子空间即在建筑内的空间中用半封闭或象征的方法再次限定或分割的若干区域。原空间即为母空间，重新定义的空间即为子空间。例如，如图3-23所示的母空间中围合出来的办公空间，还有餐厅中分隔出的小包间。这些空间具有很好的领域性和私密性，更好地满足了人们的功能需要。它们(子空间和母空间)各得其所、融洽相处。子空间的大小与形态特征要依据使用功能的要求来确定。这种类型的空间在解决功能的前提下，还丰富了空间层次，多用于办公室、咖啡室及餐厅。这种类型的空间强调了共性中的个性空间处理。

图3-23 办公空间中的独立会议室

8．共享空间

美国著名建筑师和房地产企业家约翰·波特曼可以说是现代共享空间的创始人。从此共享空间也发生了巨大变化，从设计之初到今天，随着人们公共活动的日益增多，共享空间的形式也由早期的宗教活动场所转向一种体量巨大的大众活动空间。功能也由原来的集会逐渐过渡成商业活动中心。它常被设置在大型建筑的中心区域，故又称为中庭，适用于公共建筑，如酒店、商业环境、俱乐部等公共活动中心(见图3-24)。它的规模较大，内容形式丰富，常将自然景物引入室内，使空间充满了生机和活力。其次利用观光电梯、自动扶梯、天桥、休息厅等多种服务设施，使大小空间相互穿插交错、变化无穷，渲染出不同的空间气氛。这种通透的空间处理充分满足了人人共享的心理要求。

概括起来，共享空间有以下几个特点。

(1) 位于入口的共享空间，一般处在建筑的主入口处。

(2) 设置在交通枢纽的共享空间，常将水平和垂直交通连接为一体。

(3) 大型空间中相互独立的空间单位在垂直方向上被有机地连接为一个整体的空间。

(4) 对于休闲功能的共享空间，有效地提供了娱乐、休闲和社交活动的场所。

(5) 作为室内街区景观，改变了人们对空间固有的“内”“外”看法，强调了空间的流通、渗透、交融，使室内环境室外化、室外环境室内化。

图3-24　诺富特酒店中庭

点评：达尔文市诺富特酒店的中庭处于一块错落的空间当中，同时不同高差的平台铺装也不同，让空间的层次更为丰富。多种多样的绿植对该片区域加以围合和点缀，既保证了客人谈话的私密性，也让该中庭的空间环境更为清新自然。

9．抬升空间

抬升空间是将室内的部分地面根据功能的需要升高，因此抬升空间也可以称作上升空间或地台空间。图3-25所示为书房的抬升空间。由于地面的局部升高在室内产生了一个范围十分确定的台面，这一空间就变得十分醒目与突出。在使用功能上适宜商业空间的新品展示台、精品展示区、教堂的圣坛、教室的讲台、特色餐厅的空间变化处理等。抬升空间利用室内的落差变化营造了引人注目的空间效果，并让抬升空间中的人们有一种居高临下的心理优势，其视野开阔，独具情趣。

10．下沉空间

下沉空间是相对于上升空间而言的，处理方法恰恰与上升空间相反，是将室内的部分地面根据功能的需要局部下沉，使空间中的一部分地面低于其他地面，让空间产生高低错落的效果。这种形式的空间与上升空间一样，都有一个明确的界限，是一个相对独立的区域。下沉地面因为标高低于周围地面，因此会不受周围干扰，具有隐蔽性、安全性、私密性。人在其中交谈、休息、工作相对安静。下沉式空间的下沉尺度，要依据使用要求和空间效果而定，一般在15cm至60cm之间，最高不宜超过1m。下沉空间还需要根据下沉高度安排台阶数量，以满足使用要求。下沉空间的设计可以利用植物、沙发、装饰物等进行布置，营造出祥和、宁静的创意空间，让居于其中的人们惬意、舒适。同时随着人们视点的降低，空间感增大，环顾四周，所见物品也有不同凡响的变化。图3-26所示为下沉的起居室设计。

总之，下沉空间可以适用于不同性质的室内空间设计。它的围护感较强，“性格”内向。

图3-25　书房

点评：书房的设计以营造舒适、惬意的氛围为目的，抬升的空间铺设几张看似简陋的草席，一张棋桌以及四张草垫，传达出一种淡泊、随性的生活态度。在这个小小的空间中，主人可与两三挚友看书、品茗、下棋，悠然地享受生活的惬意。

图3-26　起居室

点评：起居室设置在下沉空间当中，既使得空间层高有所提高，让空间更为开阔，又让空间的层次更为丰富，功能区域的划分更为明确，互不打扰。

11．交错空间

交错空间的设计避免了室内空间中使用六面体围合的简单的划分。如图3-27所示的室内交错空间，设计师在设计中使用互相交错的规划体系，将部分开敞的空间相互穿插，使空间形成水平与垂直方向上的贯通，令空间灵动、活跃，同时扩大了空间效果。具体表现在水平方向上各个围护面、回廊、挑台的交错设计，形成彼此联系，左右逢源的形态，借以吸引消费者。在垂直方向上，上下活动交错川流，打破了上下对位的设计手法，创造出俯仰相望的生动场景，颇有“立交”的意境。

图3-27　室内交错空间

总之，交错空间不但丰富了室内景观，也为室内环境增添了生机、活跃了气氛。它为现代人创造了高低错落、生动别致的空间环境。这类空间形态常被用于商场、旅馆、展览馆、俱乐部中组织人流集散、联系的区域，也用于小建筑的住宅或别墅中。它的运用可以有效地增加空间的动感并为空间带来生机盎然的情趣。

3.2 室内空间的分隔

室内空间的分隔是在建筑空间限定的内部区域进行的，它是要在有限的空间中寻求自由与变化、在被动中求主动，是对建筑空间的再创造。对于室内设计师来说，不管是对建筑内部空间的深化设计还是对旧建筑空间的改造设计，都离不开空间划分、空间组织、空间序列这些基本手段。设计师应按照使用功能和精神功能的要求确定各空间之间的联系，设计出不同形态的分隔方式。一般情况下，对室内空间的分隔可以利用隔墙与隔断、建筑构件和装饰构件、家具与陈设、水体、绿化等多种要素按不同形式进行分隔。下面将介绍不同元素的分隔特点。

3.2.1 各种隔断的分隔

室内空间常以木、砖、轻钢龙骨、石膏板、铝合金、玻璃等材料进行分隔。形式有各种造型的隔断、推拉门和折叠门以及屏风等，如木质隔断，如图3-28所示。

图3-28 带木质隔断的办公空间休息接待区

点评：固定的木质隔断有效地将办公区域分成两部分，每个空间都相对独立，且私密性较好。

隔断有以下特点。

(1) 隔断有着极为灵活的特点。设计师可以按需要设计隔断的开放的程度，使空间既可以相对封闭，又可以相对通透。隔断的材料与构造决定了空间的封闭与开敞。

(2) 隔断因其较好的灵活性，可以随意开启。在展示空间中的隔断还可以全部移走，因此十分适合当下工业化的生产与组装。

(3) 隔断有着丰富的形态与风格。这需要设计师对空间的整体把握，使隔断与室内风格相协调。例如，新中式风格的室内设计就可以利用带有中式元素的屏风分隔室内不同功能区域。

(4) 在对空间进行分隔时，对于需要安静和私密性较高的空间可以使用隔墙来分隔。

(5) 住宅的入口常以隔断(玄关)的形式将入口与起居室有效分开，使室内的人不会受到打扰。它起到遮挡视线和过渡的作用。

3.2.2 室内构件的分隔

室内构件包括建筑构件与装饰构件，如建筑中的列柱、楼梯。扶手属于建筑构件，屏风、博古架、展架属于装饰构件。构件分隔既可以用于垂直立面上，又可以用于水平的平面上。图3-29所示为室内构件划分的空间。

图3-29 居室通道

点评：图3-29中木质通透的玄关对室内通道右侧的空间起到了重要的遮挡作用。在玄关的作用下右侧空间给人设下了悬念，加上左边的墙面装饰跟玄关采用的是同样的木结构，这让通道左右达成了呼应，让整个室内空间显得统一而富有生机。

一般来说，构件的形式与特点有如下几方面。

(1) 对于水平空间过大、超出结构允许的空间，就需要一定数量的列柱。这样不仅满足了空间的需要，还丰富了空间的变化，排柱或柱廊还增加了室内的序列感。相反，宽度小的空间若有列柱，则需要进行弱化。在设计时可以与家具、装饰物巧妙地组合，或借用列柱做成展示序列。

(2) 对于室内空间环境过分高大的空间，可以利用吊顶、下垂式灯具进行有效处理，这样既避免了空间的过分空旷，又让空间惬意、舒适。

(3) 钢结构和木结构为主的旋转楼梯、开放式楼梯，本身既有实用功能，同时对空间的组织和分割也起到了特殊作用。

(4) 环形围廊和出挑的平台可以按照室内尺度与风格(包括形状、大小等)进行设计，它不但能让空间布局、比例、功能更加合理，而且围廊与挑台所形成的层次感与光影效果，都为空间的视觉效果带来意想不到的审美感受。

(5) 各种造型的构架、花架、多宝格等装饰构件都可以用来按需要分隔空间。

3.2.3 家具与陈设的分隔

家具与陈设是室内空间中的重要元素，它们除了具有使用功能与精神功能外，还可以组织与分隔空间。这种分隔方法是利用空间中餐桌椅、小柜、沙发、茶几等可以移动的家具，将室内空间划分成几个小型功能区域，如商业空间的休息区、住宅的娱乐视听区。这些可以移动的家具的摆放与组织还有效地暗示出人流的走向。此外，室内家电、钢琴、艺术品等大型陈设品也对空间起到调整和分隔作用。家具与陈设的分隔让空间既有分隔，又相互联系。

其形式与特点有如下几方面。

(1) 住宅中起居室的主要家具是沙发，它为空间围合出家庭的交流区和视听区。沙发与茶几的摆放也确定了室内的行走路线。图3-30所示就是由家具划分的空间。

图3-30 会客厅

点评：图3-30中的区域划分得很明显，虽然没有硬质墙体的分隔，但是不同使用功能家具的陈放，让整个空间的区域功能明确。没有了硬质墙体的分隔，整个空间在家具的分隔下更通透。

(2) 公共的室内空间与住宅的室内空间都不应将储物柜、衣柜等储藏类家具放置在主要交通流线上，否则会造成行走与存取的不便。

(3) 餐厨家具的摆放要充分考虑人们在备餐、烹调、洗涤时的动线，做到合理的布局与划分。缩短人们在制作过程中的行走路线。用最便捷的距离、最舒适的人体尺寸进行空间布置。

(4) 公共办公空间的家具布置，要根据空间不同区域的功能进行安排。例如接待区要远离工作区，来宾的等候区要放在办公空间的入口，以免使工作人员受到声音的干扰。内部办公家具的布局要依据空间的形状进行安排设计，做到动静分开、主次分明。合理的空间布局会大大提高工作人员的工作效率。

3.2.4 绿化植物、水体、小品的分隔

室内空间的绿化、水体的设计也可以有效地分隔空间，其形式与特点有如下几方面。

(1) 植物可以营造清新、自然的新空间。设计师可以利用围合、垂直、水平的绿化组织创造室内空间。垂直绿化可以调整界面尺度与比例关系；水平绿化可以分隔区域、引导流线；围合的植物创造了活泼的空间气氛。图3-31所示的是由绿色植物装点的浴池，图3-32所示的是由树枝装饰的玄关入口。

图3-31 “绿色”浴池

点评：在花草的掩映下隐约看见一束水花，冲洒在漂满花瓣的浴池里。在花草的分隔下，俨然一个世外桃源里的阳光浴。

图3-32 玄关

点评：从这个形象的墙绘大树玄关里看向客厅，别有一番感觉。树丫上的灯让人在室内仿佛又在世外的清新感，自然悠扬之感充满了整个房间。

(2) 水体不仅能改变小环境的气候，还可以划分不同功能空间。瀑布的设计使垂直界面分成不同区域，水平的水体有效地扩大了空间范围。

(3) 空间之中的悬挂艺术品、陶瓷、大型座钟等小品不但可以划分空间，还是空间的视觉中心。

3.2.5 顶棚的划分

在空间的划分过程中，顶棚的高低设计也影响了室内的感受。设计师应依据空间设计高度变化，或低矮、或高深。其形式与特点有如下几方面。

(1) 顶棚照明的有序排列所形成的方向感或形成的中心，会与室内的平面布局或人流走向形成对应关系，这种灯具的布置方法经常用在会议室或剧场。

(2) 局部顶棚的下降可以增强这一区域的独立性和私密性。酒吧的雅座或西餐厅餐桌上经常用到这种设计手法。

(3) 独具特色的局部顶棚形态、材料、色彩以及光线的变幻能够创造出新奇的虚拟空间。如图3-33所示的顶棚的图案就凸显出了这一空间的功能。

(4) 为了划分或分隔空间，可以利用顶棚上垂下的幕帘进行划分。例如，住宅中或餐饮空间常用布帘、纱帘、珠帘等分隔空间。

点评：图3-33中的顶棚仿藤织席蔓，让人在阳光房里感到清爽。玻璃的墙体将室外的优美景色尽收眼底，整个室内显得那么自然、和谐和宁静。

图3-33　阳光房

3.2.6 地面的划分

利用地面的抬升或下沉划分空间，可以明确界定空间的各种功能分区。除此之外用图案或色彩划分地面，被称为虚拟空间。其形式与特点有如下几方面。

(1) 区分地面的色彩与材质可以起到很好的划分和导识作用。如图3-34所示，石材与木质地面将空间明确地分成阅读区和会客区。

图3-34　书房

点评：从图3-34中很明显能看出客厅和开敞式书房的地面分别是瓷砖和木地板的铺设。即使是开敞式书房也能很快地将书房跟客厅的区域划分开，达到了功能区域的划分和室内审美的同步。

(2) 发光地面可以用在空间中的表演区。

(3) 在地面上利用水体、石子等特殊材质可以划分出独特的功能区。

(4) 凹凸变化的地面可以用来引导残疾人的顺利通行。

3.3 室内空间的界面设计

建筑物的室内空间是由地面、顶面、墙面围合限定而成的，它们共同确定了室内空间的大小、形状以及室内环境气氛。各界面的设计依靠材质、色彩、灯光、结构、形态等的综合手法进行设计，可以有效地烘托室内环境气氛。优秀的室内设计既要满足人们生理上的需求，又要满足人们心理上的需要。这就需要设计师结合原有的空间环境，利用多样的设计手法塑造良好的室内环境。

3.3.1 地面

地面是人们行走或稍坐的水平面，是室内空间的基面。它不仅可以支撑家具，而且还是人们重要的室内活动平台。作为物体和人类的承受面，它必须具有很强的耐磨性，并应具有保暖、防潮、防火、防滑等特性。地面作为视觉主要因素，需要与室内其他元素相协调，且应具有引导性。地面的材料有纯木质和复合木质地板、瓷砖、大理石、塑胶、地毯等多种材料，设计师要根据室内的功能要求进行选择。在对地面进行设计时要注意以下几个方面。

1．整体性与装饰性

地面是室内一切内含物的衬托，因此，一定要与其他界面和谐统一。设计时应统一简洁，不要过于烦琐。设计师对地面的设计不仅要充分考虑它的实用功能，还需要考虑室内的装饰性。运用点、线、面的构图，形成各种自由、活泼的装饰图案，可以很好地烘托室内气氛，给人一种轻松的感觉。例如，在公共空间(宾馆大堂、建筑门厅、商业共享空间)可以利用图案做装饰，但必须与周围环境的风格相协调。如图3-35所示的别墅入口处玄关的设计，地面铺设的白色石板、黑色碎石融合于空间氛围之中，使得空间意境得以升华。如图3-36所示，儿童活动区选择石材，并采用斜铺的铺装方法，使地面既耐磨又富有动感。

2．材料的选择

地面材料的选择要依据空间的功能来决定。例如，住宅中的卧室会选用地毯或木质地板，这样会增添室内的温馨感；而卫生间和厨房则应选择防水的地砖；对于人流较大的公共空间则应选用耐磨的天然石材，图3-37所示是以耐磨的水磨石铺装的公共区域；而一些静态空间(如酒店的客房、人员固定的办公空间)可选用像地毯或人造的软质制品做地面。另外一些特殊空间，如儿童活动场所则需要地面弹性较好，以保障儿童的安全。除此之外，还有一些体育馆和食堂则可以采用水磨石做地面铺装。

图3-35　玄关(用白色石板及黑色碎石铺装)

点评：玄关处的精心设计，让人们推门而入便可感受到浓郁的东方文化气息。两侧的木质格栅，从缝隙里探出来的嫩绿的竹叶，营造出了“绿竹入幽静，青萝拂行衣”的空间意境。此外，地面采用黑色碎石铺上白色方形石板的形式，玄关尽头摆放着插有几株腊梅的古朴瓷瓶，这样的组合让该空间流露出了一丝东方禅韵。

图3-36　儿童活动区(选用石材并斜铺)

点评：图3-36中颜色鲜明的地面铺设跟顶棚相互呼应，整个空间显得统一又充满动感和无限活力。

图3-37　等候休息区(以耐磨的水磨石铺装)

3．材料的功能

由于地面材料的尺寸不一，色彩多样，设计师在对室内地面进行设计时，可以利用材料的色彩组织划分地面，这样不仅可以活跃室内气氛，还会因为材料的色彩区分，引导室内的行走路线。对于同样面积的地面，材料的规格大小还会影响空间的尺度。尺寸越大，空间的尺度则会显得越小；相反，尺寸越小，空间的尺度会显得大一些。此外，地面材料的铺装方向还会引起人们的视觉偏差。例如，长而窄的空间做横向划分，可以改善空间的感觉，不会让人感到过于冗长。因此，地面的设计，一定要按室内空间的具体情况，因地制宜地进行设计。

总之，地面在使用功能的设计上首先要满足建筑构造、结构的要求，并充分考虑材料的环保、节能、经济等方面的特点，还要满足室内地面的物理需要，如防潮、防水、保温、耐磨等要求；其次要便于施工；最后就是地面的装饰设计，要以形式美的法则设计出符合大众欣赏品味的舒适空间。

3.3.2 墙面

墙体作为室内空间的侧界面，不仅完成了空间的围合作用，同时保证了室内空间中人的学习与生活，并具有保温、隔热、隔音的功能。按照在建筑物中的位置可分为外墙和内墙，如临街或直接与室外相邻的墙面是外墙；按承受力性能可分为承重墙和非承重墙，在建筑中承载建筑负荷的墙是承重墙。在室内设计中墙面不仅完成了其在空间的实用功能，也淋漓尽致地发挥着它的装饰作用。例如，歌厅的墙面设计既要美观，又要解决隔音问题，因此墙面的装饰与功能要依据室内的使用特点设计。又如商场、办公空间的墙体要简洁、大方，这是因为商场的商品才是突出的重点。相反，餐厅和歌舞厅为了吸引人或调动人们的情绪，则需要将墙面设计得丰富多彩甚至光怪陆离。如图3-38所示的玄关墙面的设计，将东方的古韵融入现代的设计当中。

图3-38 玄关

点评：该玄关的设计采用的是新中式风格。设计师运用了中式风格的窗棂的形式，将室外的阳光与风景引入到室内，与墙面深绿的山水纹案的石材背景交相辉映，让空间充满灵动与生机。

墙面的功能与形式美感可以从以下几方面了解。

1．墙面围合程度产生的效果

墙面的形式多样，其中包括有开窗的墙面、有门的墙面等。一般情况下，开窗越大，其围合感越不明显。具有小面积开窗与实体(不透光)门的界面会给空间中的人以安全、私密的心理感受。相反，开敞的、与室外渗透紧密的室内空间则需要大面积的开窗或半透明或不透明的墙面，无框的窗户和玻璃门。这样的设计可以最大限度地扩大室内人的视线，创造出心旷神怡的室内空间。

2．墙面色彩与质感要素

墙面的色彩对空间有重要的影响。明度高的墙面可以使空间显得宽敞、明亮，小空间中若选用明度低的暗色调则会给人以压抑和沉闷的感觉；而高纯度与高明度的空间不仅宽敞明亮且气氛热烈、奔放。在考虑色彩的同时还要注意墙面的质感，因为表面愈光滑，反射出来的光线也就会愈多。对于一些空间体量不大且开间小的室内空间，墙面应尽量选用明度高的浅色调；而面积较大的室内空间，则可以使用木材和深色壁纸减少空间的空旷感，使空间产生一种舒适安逸、亲密的气氛，如图3-39所示。

图3-39　起居室

点评：该起居室在墙面的设计上，大胆采用了岩石板材的拼接，表面所形成的参差质感，让空间呈现出自然而淳朴的面貌；而冷峻的灰色调以及精致的吊灯、装饰物则让起居室显得高端而华美。

3．隔音、保温与防潮

对于剧场、舞厅、报告厅等公共空间，要求墙面具有很好的隔音功能。住宅的娱乐视听空间也要求有良好的隔音效果，而这个问题可以借用墙面的构造或装修方式有效地加以控制。柔软与多孔的墙面可以有效地吸收声音。保温与隔热是任何室内空间都必须考虑的重要因素。尤其在今天，能源紧张问题凸显，更需要设计师精心选择墙面材料。纺织制品、软木、矿棉、复合板、苯板都有较好的保温、隔热效果，设计师可以依据空间功能与美感恰当地选用节能材料。卫生间、厨房则需要墙面有良好的防潮、防水功能。瓷砖就是墙面不错的选择。如图3-40所示，马赛克材质具有很好的防潮效果。

图3-40　卫生间

点评：卫生间墙面依据浴缸和其他产品的形态设计成曲面，使空间没有任何死角。曲面的墙壁铺贴了蓝色的马赛克，加上由浅蓝色马赛克组成的图案，让整个空间洋溢着迷人的夏威夷之风。

4．后期维护

墙面的耐久性能可以直接影响后期的维护工作。而砖石、瓷片、木材等材料耐久性能良好且容易清理。一些涂料虽前期投入不大，但易污染、难打理。

由于墙面材料的多样性，所以在进行设计时也会选择多种墙面材料进行组合，以取得丰富的空间气氛。

3.3.3 顶棚

顶棚的高低处理直接影响到室内空间的垂直高度。因此顶棚的高低会给人带来不同的心理感受。纵深高旷的顶棚，会使人有开阔、向上、崇高之感；相反，低空间的顶棚会使人有亲切、温暖之感。此外它与结构的关系十分密切，是灯具和通风所依附的地方，所以设计顶棚时必须全盘考虑各方面的因素。虽然顶棚不像地面和墙画能被人直接接触和使用，但顶棚的各种形式变化与艺术照明的结合又能给整个空间增加感染力与层次感，同时对人流的动线也起到了暗示的作用。

顶棚为设计师提供了广阔的设计天地，它的造型设计也直接影响到地面的设计。在处理手法上它可以用材料直接与建筑框架连接，或者在结构框架上吊挂；另一种是让结构暴露出来，当作顶棚，这种形式的顶棚粗犷，但极富结构的自然美。而吊顶则会增加顶棚的层次感，有细腻丰富的整体感。吊顶和暴露式的顶棚有各自的特点。

1．吊顶

吊顶的设计可以结合功能需求与审美要求去设计，也可以根据屋顶的结构形式来设计。多样的屋顶形式是顶棚设计的创新源泉。例如，哥特式风格的室内穹顶就为空间增添了无穷的视觉享受。如图3-41所示，卧室采用了圆形的内凹式吊顶。

图3-41　卧室

点评：卧室中的圆形吊顶跟圆形床家具相互呼应融为一体，将整个卧室的格调无声地统一到了一起。

吊顶的材料多种多样，包括石膏板、玻璃、木板等。一般常用的材料有石膏板，它经常被用在教室、食堂、办公室等公共空间；木材的自然纹理有着清新、庄重的古朴之美，因此它也是吊顶的常用材料；还有以金属为主要材料的顶棚，往往采用一种线状的表达形式，在室内产生韵律感，但常会使人有一种冷冰冰的感觉。发光顶棚是将照明器具与顶棚相结合的一种特殊的吊顶形式，它一般应用于大型会议室、商场、饭店等室内空间，它的特点是明亮、简洁，展示着秩序之美。

2. 暴露结构式顶棚

利用材料与结构本身的美感，不加任何装饰的顶棚处理手法称作暴露结构式顶棚。如图3-42所示，顶棚结构几乎暴露无遗。这种结构顶棚可以分为两种：一种是充分暴露结构的形式，它将顶棚的所有内容完全显露出来，这种结构形式需要在设计之初充分考虑暴露结构的整体形式美；另一种是将美的结构形式外露，将一些不理想的结构遮挡起来的半透明式的顶棚。这两种形式的顶棚都应考虑其韵律、对比及色彩的规律，运用建筑语义来进行顶棚的形态设计。顶棚的高低可以通过色彩以及细部处理来改变空间的高度。高明度的色彩可以使低矮的空间空阔、高远；而高大的空间，如果采用明度较低的色彩可以降低空间视觉上的高度。任何一种独具特色的形态与色彩都应给人带来耳目一新的感觉，让人充分感受到舒适与惬意。

图3-42　办公空间阅读区

点评：裸露的顶棚加上橘色的座椅，整个空间显得清雅别致。

3.3.4 空间各界面的设计应遵循的原则

室内各界面(地面、墙面、顶棚)的设计各有不同，但都应遵循以下几个原则。

1. 风格、功能的一致性

人们在各自的艺术文化生活中，从需要出发，除旧布新，创造出风格各异的室内设计风格。因此，在进行室内设计时，设计师一定要依据使用者的具体情况以及客户所提出的要求设计出符合使用者民族、地域、文化等特征的室内风格，绝不能多种风格随意拼凑。界面设计要体现不同功能空间的特色，这包括各个界面的尺度、色彩、形态等方面的处理。例如，餐厅的空间气氛要热情、融洽，设计时顶棚可以选择暖色光源，地面可以设计成红色大花地毯，侧界面则可以用暖色的壁纸来装饰。

2．各界面的质感与色感

尽管不同界面的色彩、质感各异，但同一色彩与质感都会给人相同的感受。表面粗糙的材料使人感到力量、粗犷；细腻、光滑的材料则使人有细腻、轻松的感觉。在室内空间设计中，表面粗糙的材料可以用在大面积、大尺度的空间中；而小尺度、小面积则应采用细腻光滑的材料。然而不管大空间或小空间，大面积或小面积，与人联系紧密的界面都应采用细腻或具有弹性质感的材料。此外，特征、质感与色彩各异的材料用在对空间进行设计时，最好不要超过三种以上，否则会使空间缺乏整体感，会显得过于凌乱。

3．整体效果

空间由墙面、顶面、地面(简称三面)三部分组成。同一个空间的各个界面之间一定要做到变化中求统一，统一中有变化。

不管界定围合的物质有多少，产生的围合程度的强弱，空间都存在。然而，因为人的经历与感知的差异，所以每个人对空间的感受也各有不同。正如M·伦纳德(M·Leonard)在《有人性的空间》中说："创造空间的感觉并体验它的是人。""在知觉过程中最终得到的单一感觉——关于那个特殊场所的'感情'……一个好的空间设计就需要尽可能调动人的心理体验和感知体验，去唤起人们对某种感情的回想或联想，以达到最终的设计目的。这恐怕就是理想的空间设计。"

1. 除了所学的室内空间分隔法外，你还能想出其他的分隔法吗？
2. 理解室内各个界面的设计方法。

通过对室内空间分类、分隔以及其各个界面设计的学习，熟练地掌握各个空间的分割法以及各个界面的设计方法。活学活用，对一个不合理的空间重新进行空间分隔，并对各个空间和各个界面进行设计。

第 4 章 室内色彩设计

学习要点及目标

(1)了解室内色彩设计的概念、基本要求。

(2)了解色彩的物理、生理和心理效应，学会合理运用室内色彩。

(3) 掌握室内色彩设计的配色原则及其要求。

(4) 重点掌握室内色彩的设计方法，结合流行元素，营造出绚丽多彩的室内环境氛围。

核心概念

色彩　物理效应　心理效应　生理效应　配色方法　搭配原则

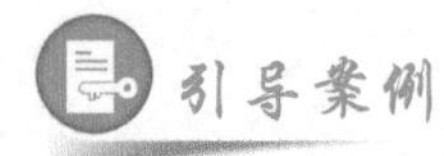

引导案例

鸿基紫韵别墅

图4-1～图4-3所示鸿基紫韵别墅样板房的起居室、儿童卧室和书房。设计师采用色彩明快、自然的地中海风格来打造该空间。简单纯净的蓝白组合，让人仿佛置身于地中海岸边，伴着海浪与沙滩，享受一份惬意与轻松。精致的装饰物看似随意的摆放，却让空间里处处都藏着惊喜。在阳光和灯光的交错掩映下，整个“家”弥漫着浓浓的暖意。无论是在客厅、卧室还是书房都能看到独具地中海风情特色的设计元素，那造型优美的拱门、精致的马赛克拼贴图案、碎花窗帘和抱枕、小巧的壁炉等，带来了一丝温馨、恬静的生活气息。空间色彩的运用既统一又包含着变化，纯净的蓝白两色将经典的地中海风情演绎得淋漓尽致。在家居的室内设计中，室内色彩谐调把握的重要性是不言而喻的。

图4-1　起居室

点评：起居室的布置十分温馨雅致，颜色亮丽、清爽。以象征大海的蓝色以及象征天空的白色为主，二者相辅相成、相得益彰。白色的泥墙、壁炉和茶几，蓝色的储物柜和沙发，再配以连续的拱门、马蹄状的门窗、边角圆润的木质家具、精致小巧的各类装饰，让起居室弥漫着浓郁的地中海风情。

图4-2 儿童卧室

点评：儿童卧室的布置简单大气，减少了烦琐的装饰物，将空间最大限度地保留，给孩子足够的活动创意空间。浅蓝色的格纹墙纸、暖色的木质家具让卧室更加亲切、温馨。同时，家具的人性化设计也保证了儿童的使用安全。

图4-3 书房

点评：书房最终的设计目的是要为主人提供一个舒适、安静的阅读环境。温和质朴的色调，精致的铁艺吊灯散发着温暖的灯光，造型流畅的原木色书桌椅、米色的竹制窗帘让空间雅致温馨。这样的色彩设计让书房充满了亲和力与人情味，给人一种温暖安心的感觉。

随着人们生活水平的不断提升，人们追求的不再是安乐的生活及单一的情趣，会想尽一切办法改善和提高自己的生活质量与生活品位。在今天的室内设计中，准确把握室内色彩不仅可以美化环境，同时也可以改变人们的心理。

4.1 室内色彩设计概述

在现代社会中，色彩在越来越多的领域发挥着自己的作用。生活的点点滴滴，色彩无处不在。一般来说，人的一生大部分的时间是在室内度过的，可见室内环境的格调直接影响着人们，这点足以彰显室内环境的重要性。室内色彩决定室内环境的基调，是室内环境中不可或缺的最亮丽的一道风景。色彩作为一个至关重要的设计要素，效果的好坏直接影响到环境使用者的生理、心理和情感意识。色彩是室内设计中最生动、最活跃的因素。在构成室内要素的形体、质感、色彩中，色彩能最先为人所感知。与形状相比，色彩具有更强的视觉冲击力，它直接影响着人们的心理。据科学家调查报告显示，视觉在人体的各种知觉中是最主要的感觉方式，人们获得信息约87%来自于眼睛。眼睛通过光反射在物体上产生的色彩获得印象，通过色彩唤起人们的视觉作用。由此可见，色彩对室内环境的功效举足轻重，不容忽视。

室内环境色彩设计，主要是指在室内环境设计中，根据设计的具体要求和设计规律来选择室内色彩的主基调，使色彩在室内环境的空间位置和相互关系中，按色彩的规律进行合理的配置和组合，构造出使人惬意的室内环境使用空间。优秀的设计师十分注重色彩在室内设计中的作用，重视色彩对人的物理、心理和生理的影响。他们利用人们对色彩的视觉感受来创造富有个性、层次、秩序与情调的艺术氛围，从而达到事半功倍的效果。室内环境色彩设计包含的范围十分广泛，例如室内吊顶、墙界、地面的色彩设计，家居及其他配饰物品的色彩设计。说到这里，光与色的完美设计搭配更是不容忽视的部分。设计师们合理运用这些色彩技巧，能使室内设计的装饰效果锦上添花，让室内空间更好地服务于我们的生活。

在进行室内色彩设计时，①应明确空间的使用目的；②考虑设计的空间大小、朝向和设计风格，设计师可以根据色调对空间进行调整，如图4-4所示的起居室的局部，设计师以柔和的色彩塑造了温馨的空间；③根据使用者的年龄、性别及其对色彩的要求进行区分设计，实际上就是按照不同的设计对象有针对性地进行色彩配置。统一组织各种色彩(包括色相、明度、纯度)的过程就是配色过程。良好的室内环境色调，总是根据一定的色彩规律进行组织搭配，总体原则应是大调和小调对比，也就是说，空间围护体的界面、地面、墙体、天花等应采用同一原则，使之和谐统一。室内陈设(如家具、饰品)则应成为小面积对比的色彩，只有这样，才能设计出功能合理、符合人生理及心理要求的室内空间效果。图4-5所示为色彩搭配合理与线条完美组合打造出的雅致温馨的就餐空间。

色彩的物理、心理和生理效应是显而易见的。因此，现在的室内设计师们都十分重视色彩效应。色彩能唤起人的联想和情感，能在室内设计中创造出富有性格、层次和美感的室内空间。艺术设计的过程离不开色彩，色彩学在艺术设计中的地位不容小觑。学习和掌握色彩的基本规律，准确、生动并且合理地运用到室内设计中是十分必要的，充分运用色彩技巧可创造出艺术设计的精品。色彩犹如变幻莫测的小精灵，能赋予室内空间设计有趣而又变化无穷的魔力。它在影响人们感觉、情绪及生理上的因素的同时，也改变着相同空间绝对不同的环境风貌。充分发挥色彩的功能属性，理性运用色彩的感性倾向，往往能达到出其不意的变化效果，创造出和谐舒适的完美意境，更好地满足人们的精神文化需求。图4-6中深粉色的运用给白色墙面、白色家具的卧室带来了朝气。

室内设计是一个认知过程，设计的感染力和设计师的情感巧妙结合，点滴间流露出设计者的生活阅历和文化积淀。空间的大小，色彩的协调与对比，线条的流畅，材质的选择与变化，这些室内设计的形式语言都蕴含了设计空间的情感。呼之欲出的灵感，创新意识的渲染都是室内设计中不可缺少的因素。色彩作为表达室内造型美感的一个重要手段，协调着室内的空间关系，满足着人们的视觉需求。在寻求美、理解美和创造美的艺术创造中，合理运用色彩可打造出属于室内空间的视觉盛宴。

图4-4 起居室

点评：起居室白色的墙面、灰色的桌椅、浅粉色的窗帘配合大理石的地面，沙发选用奶白色。在阳光的沐浴下，空间呈现出典雅、和谐的风格。

图4-5 餐厅

点评：这是Residence 8 flower别墅样板房餐厅的设计。在色彩上，运用木质、金属、大理石等材质的不同色泽进行合理组合，黑、白、黄的色彩搭配既打造了纯朴雅致的空间环境，又提升了空间的视觉美感。此外，各个装饰物的选择也配合了空间的整体色调，色彩统一中又富于变化，成为点睛之笔，体现出了主人的高端品位。

图4-6　卧室

点评：白色顶面、墙面，乃至白色的家具、白色的窗帘让卧室略显单调，而深粉的家具(床)、大花的地毯、深粉的灯罩给卧室增添了无限的生机与活力。

4.2 室内色彩的功效

色彩是可见光通过刺激人眼、脑产生的视觉效应，人们必须通过视觉器官去感受色彩，由此可见，没有光，色彩是不能被人类感知的。光照射在物体上，一部分被物体吸收，一部分被反射。由于不同物体质感、光照的不同，因而形成了不同的反射效果，白色表面对照射其上的光线全部反射，黑色表面则对这些光线全部吸收。由于面积的大小、形状的不同加上光线、颜色等方面的因素，色彩能够引起不同的生理、心理的变化。说到色彩，我们先介绍一些色彩的基本理论知识。任何色彩均由三种不同的基本要素构成，即色彩的明度、色相(色调)和纯度(饱和度)，这是色彩最基本的三个特征。其中色相与光波的波长有关，明度和纯度与光波的幅度有关。由于物体所吸收的光波长短不同，因而能呈现五颜六色的不同色彩。从根源上对色彩进行研究，对我们提高认识和掌握色彩的表现手法具有至关重要的作用。

下面，我们开始详细地介绍色彩的三要素。色相(见图4-7)，即色彩由于物体上的物理性的光反射到人眼视觉神经上所产生的视觉感应。简言之，色相就是指色彩的相貌和名称，也就是色彩在自然界中显现的颜色。明度(见图4-8)，即色所具有的亮度和暗度，色彩的明暗变化，由亮到暗的关系。明度最高的色彩是白色，明度最低的色彩是黑色。纯度(饱和度)，即色彩的鲜、灰程度，也就是色彩中色彩色相饱和度的差别。色彩鲜明饱满，所以在色彩纯度上称为“饱和色”。如果向某种颜色中加入白色，那么混合后的颜色的纯度减弱而明度增强；如果向某种颜色中加入黑色，那么混合后的颜色的纯度减弱，明度也同样减弱。色彩像音乐一样，需要一定的媒介来保持次序，形成一个有规律的体系。色彩的三要素如同音阶一般，利用它们可以组成变化多样的形式，形成一个容易理解又方便使用的色彩体系。

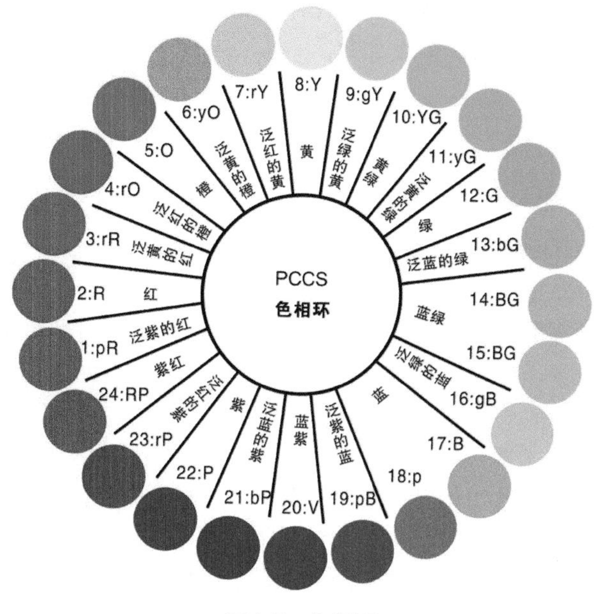

图4-7　色相环

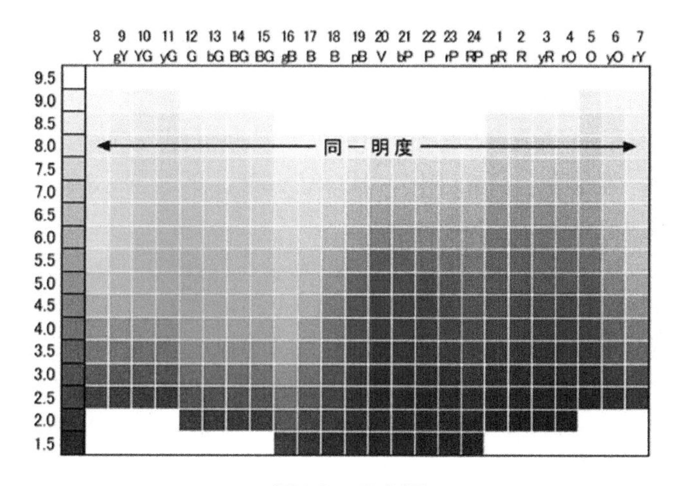

图4-8　明度图

色彩是室内设计中最具情感的设计元素，在日常生活中，色彩与人的心理感受有着千丝万缕的牵连，因此，色彩在室内设计中扮演着十分重要的角色。马克思曾经说过："色彩的视觉是一般美感中最大众化的形式。"在自然界中，色彩无处不在，恰当地运用色彩搭配，会给你的生活添彩，更添加无与伦比的美感。这就引导我们在今后的艺术设计中，要扬长避短，组合搭配好色彩关系，尽可能地避免尴尬的色彩现象的出现。尤其在室内设计中，色彩的恰当运用，常常起到丰富造型、突出功能的作用。总之，能使室内环境协调、统一的色彩就是美的色彩。

心理学家认为，色彩可以宣泄人们的情感，是一种情感语言，它可以展现出人类无以言喻的内心世界。在室内设计中，色彩堪称设计元素的灵魂。随着人们生活水平的提高，人们对色彩的认识不断深入，对色彩功能的了解日渐加深，色彩的作用举足轻重。荷兰后印象派画家梵高说过这样一句话："没有不好的颜色，只有不好的搭配。"色彩合理恰当地运用，能给人意想不到的效果，室内设计更是如此。

4.2.1 色彩的物理效应

世界万事万物的客观存在，都具备各自的形状和色彩特征，没有色彩的物体基本不存在。那色彩是如何产生的呢？色彩是光和人的正常的视觉系统综合作用反映的结果。换言之，没有光和人健康的视觉系统，人们也就无法感知色彩。阳光具有一定的热能，不同的色彩对阳光的能量的吸收与反射也不尽相同。浅色反射能力强，对热量的吸收较少；深色反射能力较弱，热量吸收较多。这点被广泛应用于室内设计中，例如我们在选购窗帘的时候，就夏天而言，仅考虑材质的薄厚是远远不够的，还应该尽可能地选用一些浅色的窗帘，减少对热量的吸收。

色彩的物理效应远远不只如此，如冷热、远近、轻重、大小等。这些不单单是物体本身对光的吸收和反射作用的结果，而是由物体间的相互作用关系形成的。任何色相，色彩性质大多都具有多面性或者说是多义性，我们要善于利用它积极的一面。设计师们可以运用这一特点，在室内设计中大显身手。下面我们将对色彩的物理特征作简单的概括。

1．色彩的温度感

温度感即色彩的冷暖，通常称之为色性。色性主要描述的是人类的一种内心感受，是不同色彩自身的物理性质。我们知道色彩具备色相、明度、纯度这三个基本特征，三者缺一不可。由此可见，色性只是一种最主要的色彩感觉。英国物理学家赫舍里，曾研究过各种单色光的温度。研究表明，紫色和青色无变化，从绿色开始水银柱显示的温度逐渐上升，黄色的温度更高，红色最高。

温度感在色彩感觉中占据着最重要的地位，无论在自然界还是绘画中都被广泛地运用。如图4-9所示，这是欧洲最高的山脉阿尔卑斯山，我们发现，近景的水是碧蓝色，中景的山是青蓝色，而远景的天空则是灰蓝色，这就是人们常说的"青山绿水"。运用在绘画中就是"色彩的透视"，即近实远虚、近暖远冷、近纯远灰。在色彩中，大致可以分为冷色系和暖色系两类。从红紫、红、橙、黄到黄绿色称暖色，以橙色最暖。从青紫、青至青绿色称冷色，以青色为最冷。如图4-9所示的阿尔卑斯山整体环境以绿色、蓝色等冷色调为主，给人以凉爽之感。

色彩是温度的催化剂，研究表明，暖色和冷色对人的心理影响有3℃的温差。我们可以利用这一特点，调节室内温度，在室内演绎出季节感。例如，人们习惯在卫生间铺上白色的瓷砖创造出洁白的世界，加上白色的浴缸和面盆，但这给人一种冷冰冰的感觉，尤其是在冬季刚进卫生间的一刹那，如图4-10所示。设计师们为了改变这种现状，让这个冬天不再寒冷，于是开始大胆地采用彩色瓷砖，如贴上粉色的玫瑰花瓣形的瓷砖，如图4-11所示，配上星点花瓣装饰的洗手盆，从而使那种逼人的罗曼蒂克情调的暖意迎面扑来。粉调的暖色系氛围让冬季浴室沐浴在花的海洋里，充满阳光。

在日常的学习生活中，人们对客观现象都有一种本能的认识。阳光会给人温暖感，白雪寒冰会给人以丝丝凉意。色彩的温度感也与明度、饱和度和物体表面的光滑程度有很大的关系。高明度的色彩一般有冷感，低明度的色彩一般有暖感。如图4-12所示的卧室以高明度的白色为主调，给空间带来一丝凉意。因此这种高明度色彩可以用来设计闷热地区的室内。如图4-13所示的客厅的色彩明度较低，不会让人产生寒冷感。高纯度的色一般有暖感，低纯度的色一般有冷感。无彩色系中的白色有冷感，黑色有暖感，灰色属中。色彩的冷暖与物理温度无关，色彩冷暖只是人们心理对色彩的感觉，这些是由长期的经验积累得到的，加以联想成为感知色彩的知觉色。

图4-9　阿尔卑斯山

图4-10　冷色调卫生间

图4-11　暖色调卫生间

图4-12　卧室

点评：白色作为明度最高的颜色，不仅可以降低人们对空间的温度感觉，恰当地使用白色还可以扩大空间面积，加大空间高度的作用。这个处于顶楼的卧室由于空间高度的缺陷，设计师大量使用白色，尤其光滑纯白的屋顶大大地改变了人们对这一室内空间的高度的印象。

图4-13　客厅

点评：客厅的家具与地毯都选择了低明度的色彩，使空间在惬意舒适的同时也增进了交谈者之间的感情。

2．色彩的距离感

色彩可以给人前进、凸出、后退及其远近的效果，这就是色彩的距离感。暖色系和明度高的色彩具有前进、凸出的效果，冷色系和明度低的色彩具有后退、远离的效果。因此，在布置居室环境时，运用明亮的冷色会显得空间大一些，而使用鲜艳的暖色则会有拉近空间的感觉。

不同的色彩在人们的视觉器官中会产生远近不一的距离感，暖色系的色彩一般具有较长的波长，给人一种视距拉近或扩散的感觉，所以暖色系又被人称为前进色或者膨胀色。反之，具有较短波长的冷色系会给人拉伸或收缩、隐退的视觉感觉，所以冷色系被人称为后退色或者收缩色。这也就是人们所谓的前进色和后退色，这与色彩的冷暖有很大的关系。简言之，暖色是前进色，冷色是后退色。图4-14中的小学生餐厅，温暖的黄色让整个空间似乎都充满阳光，使高旷的室内似乎更加温馨；而图4-15中的休息室，冷色调的使用让空间更加宽敞开阔。

图4-14 小学生餐厅

点评：黄色的坐凳与木质的土黄色地面不仅使空间温暖，同时也符合空间的功能要求，黄色还减弱了室内的高旷之感。

纯度高的色彩刺激性强，对视网膜的兴奋作用大，有前进感、膨胀感；而纯度低的色彩刺激性较弱，对视网膜的兴奋作用小，有后退感、收缩感。明度高的色彩光量多，色彩刺激性较大，有前进感、膨胀感；而明度低的色彩光量少，色彩刺激性小，有后退感、收缩感。红、橙、黄等色波长较长，有前进感、膨胀感；而蓝、蓝绿、蓝紫等色波长短，色彩有后退感、收缩感。暖色有前进感、膨胀感，冷色有后退感、收缩感。在不同背景的衬托下，与大面积背景成强对比的色彩有前进感、膨胀感；而与背景强弱对比不明显或接近的色彩有后退感、收缩感。除此之外，色彩的距离感还与色彩的面积有关，同色系面积大则距离近，面积小则距离远。

图4-15 休息室

点评：蓝色不仅让空间开敞明亮，同时也让在此休息的人感到心情舒畅。

室内设计中常利用色彩的这些特点去改变空间的大小和高低。利用色彩的距离感改变室内空间形态的比例，效果十分显著。室内空间过于宽广时，为了使室内空间变得紧凑亲切，可采用前进的暖色处理墙面，如图4-16所示。反之，在窄小拥挤的室内空间里，则应该采取后退的冷色处理空间，在视觉上扩大空间面积，改变家居空间狭小拥挤的缺点，如图4-17所示。

图4-16　卧室

点评：该卧室的设计以暖色调为主，温和的黄色让整个卧室弥漫着温馨亲切的生活气息。明度、纯度不一的黄色的合理运用，让封闭的空间更具层次感，功能布局也更为明确。

图4-17　儿童卧室

点评：这是一个小女孩的卧室，将简单、明快的蓝白两色相组合，让整个卧室显得通透明亮。配以做工精致的木质家具，碎花的墙纸和床上用品，小巧精致的壁灯和装饰品，打造出了一个独属于女孩的浪漫天地。

3．色彩的重量感

色彩基于人的心理作用，由物体固有色的诱导与视觉经验结合而产生。不同色彩还会对人的视觉产生不同的轻重感受。色彩的轻重感主要取决于明度和纯度，浅色使人感觉轻，深色使人感觉重；冷色系使人感觉轻，暖色系使人感觉重；高明度的色彩使人感觉轻，低明度的色彩使人感觉重。白色给人的感觉最轻，黑色给人的感觉最重。色彩的轻重和软硬感是自然界中物体固有的颜色与人类视觉经验相互作用的结果。由于自然界中的物质具备了其特有的明暗差别的色彩表现，因此，受视觉经验的心理作用，人们对于不同明度的色彩就产生了轻重和软硬的感觉。在室内设计的构图中常以此达到平衡和稳定的需要，以及表现性格的需要(如轻飘、庄重等)。在室内空间的六个面中，一般从上到下的色序是由浅至深，天花板一般色彩较亮，地面色彩较深，这样才能给人以稳定感。如图4-18所示，厚重的深色木质家具给人一种稳重踏实的感觉，让空间有了视觉焦点。通常来说，深色家具比浅色家具略显沉重，所以在室内居住空间设计中，色彩的选择应根据空间的整体色调而定，充分考虑色彩的重量感，合理搭配组合。

4．色彩的尺度感

色彩对物体的大小也有视觉改变的作用，最重要的是受色相和明度两个因素的影响。暖色和明度高的色彩具有扩散作用，能使物体显得比实际物体稍大些，而冷色和暗色则具有内聚作用，因此物体显得比实物稍小点。不同的明度和冷暖有时也会通过对比作用显示出来。室内不同的家具、物体的大小和整个室内空间的色彩处理有密切的关系，可以利用色彩来改变物体的尺度、体积和空间感，使室内各部分之间关系更为协调。

图4-18　餐厅

点评：该餐厅的设计采用的是北欧简约风格，白色的天花和墙面，铺设浅灰色地砖的地面。在这个以浅色为主的空间中，配以黑色的实木餐桌和原木座椅，让用餐区域更为明确的同时，深色的家具陈设也让人感到踏实亲切，而深浅、黑白的对比也带来了丰富的视觉体验。

4.2.2 色彩的心理效应

色彩作用于人的感觉器官，刺激感官，从而产生不同的感官色彩。色彩本是虚无缥缈的客观名词，但作用于情感丰富的人类时，赋予了不同的感情色彩。人们的生活阅历不同，尤其在性格、年龄、嗜好、生活习惯等诸多方面的不同，使感官对色彩的心理反应也不同。

在现实社会中，关于色彩心理效应方面的研究早已涉及人的衣食住行的各个方面。研究表明，人们对色彩的心理感受在某些方面存在着共性。心理学家曾做过许多试验对这种观点予以证明。他们发现：对颜色的感觉受脑电波的影响，当脑电波处于红色的环境时，人的脉搏会加快，血压也会随之升高；当脑电波处于蓝色的环境时，脉搏会减缓，情绪也会平稳些。这些经验都明确地告诉我们色彩对人心理的影响。此外，色彩的直接心理效应来自色彩的物理光刺激对人的生理发生的直接影响。色彩心理从视觉开始，从感知情感到记忆、思想、意志、象征等，其反应与变化极为复杂。

色彩的心理作用可大致从两个角度来表现：一是从视觉角度，色彩物理性心理效果；二是从人的情感角度，色彩精神性心理效果。色彩物理性心理效应，前面已经做了详细的介绍，下面我们来谈谈色彩精神性的心理效应。色彩不但能够表达出人的内心世界，而且还能表达出人的观念和信仰。不同的人，因为性格与文化程度等方面的不同，一般对色彩的理解感受也不尽相同。我们按照大多数人的统一感受来分析色彩带来的内心世界。当然，社会在发展，在不同时期色彩被赋予不同的内涵。这就要求我们在当代室内设计中，色彩也应与时俱进地发生改变。

色彩的心理效应主要源于物体自身的色彩和人类对色彩的理解这两者的结合，是物体自身固有色和与之相关的物体产生的环境色两者共同作用的结果。色彩在特定的环境下具有识别和导向的作用，像街道的红绿灯、红色的消防车、绿色的邮政车等。在公共空间的环境设计中，应特别注重色彩的统一，突出以人为本的设计主体，考虑大多数人的色彩喜好，突出色彩的共性，适当地抑制色彩个性，排除极端设计，从而达到公共空间色彩与环境的统一。图4-19所示为娱乐城大堂的设计。

图4-19 福建皇都娱乐城的大堂

点评：公共娱乐空间的色彩设计应根据区域的不同有所变化，从而起到指引区域、暗示功能的作用。该娱乐城大堂的设计通过地面铺装的变化来暗示各个功能区域的范围，而与之相呼应的顶棚天花、灯饰也有相应的变化。在色彩上，从上到下色彩逐渐加深，从明亮耀眼的顶棚天花到深色花纹的地面铺装、铁艺装饰，由浅至深，让整个大堂气派而稳重，大气典雅。

色彩的象征意象(如庄严、轻快、刚柔、富丽、奢华等)，用到室内设计中，都具有举足轻重的作用。人们用它们来表达自己的内心世界，表现自己的心理情绪，宣泄自己的情感意志。任何色彩都有其多面性，我们要善于利用它的积极的一面。

4.2.3 色彩的生理效应

色彩对人的生理作用主要指的是色彩对人的感官和肌体产生的影响。感受器官将物理刺激能量转化为神经冲动，神经冲动传达到脑神经而产生感知觉。人的心理过程是脑部高级部位具有的机能，它表现出神经冲动的实际活动。针对有严重平衡缺陷的患者，库尔特·戈尔茨坦(Kurt Goldstein)进行了试验，当给患者穿上绿色衣服时，患者走路显得十分平稳；而当给患者穿上红色衣服时，患者几乎不能走路，常常东倒西歪。也有人对色彩与可辅助治疗的疾病做了以下的对应，如表4-1所示。

表4-1　色彩与可辅助治疗的疾病

颜　色	可辅助治疗的疾病
紫色	神经错乱
靛青	视觉混乱
蓝色	甲状腺和喉部疾病
绿色	心脏病
黄色	胃病、胰腺和甲肝病
橙色	肺病、肾病
红色	血脉失调和贫血

对于不同的实践者，利用色彩治病有复杂的系统和处理方法，使用不同色彩的刺激性去治疗人类的疾病，是一种综合艺术。研究表明，色彩对人的视觉生理、内分泌、健康状况等都有着不同程度的影响。例如，色彩能影响人的食欲，对于视网膜发育不健全的幼儿来说他们只是对纯净的颜色感兴趣。这就要求我们，在今后的设计生活中，要做到以人为本，要考虑到色彩的生理效应。

色彩对人肌体的影响，即对人的心率、脉搏、血压有显著的生理效应。人们开始越来越多地运用色彩来调节情绪。由于人们的生活经验、年龄、素养、习惯等方面的差距，人们对色彩的经验感觉不尽相同，既有普遍性，也有特殊性；既有共性，也有个性，所以这就要求我们要具体问题具体分析，决不能随心所欲。不同色彩对人的生理影响，如表4-2所示。

表4-2　不同色彩对人的生理影响

项　目	积极影响	消极影响
绿色	令人感到稳重、舒适，有生命力，具有镇静神经、降低眼压、解除眼疲劳、改善肌肉运动能力等作用	长时间在绿色的环境中，易使人感到冷清，影响胃液的分泌，食欲减退
蓝色	搭配方便，具有调节神经、镇静安神的作用。蓝色的灯光对治疗失眠、降低血压和预防感冒有明显作用，对肺病和大肠病有辅助治疗作用	患有精神衰弱、忧郁病的人不宜接触蓝色，否则会加重病情
黄色	对神经系统和消化系统有刺激作用，有助于增强人的逻辑思维能力和消化能力	对情绪压抑、悲观失望者会加重这种不良情绪
橙色	产生活力，诱发食欲，有助于钙的吸收，同样也是代表健康的色彩，它也含有成熟与幸福之意	餐厅灯的橙色纯度过高，容易使就餐人员过度兴奋，出现酗酒的现象
白色	具有洁净和膨胀感，白色对易动怒的人可起调节作用，这样有助于保持血压正常	患孤独症、精神忧郁症的患者则不宜在白色环境中久住
红色	可以加快血液循环和加速脉搏跳动	影响视力，而且易产生头晕目眩之感。心脑病患者一般是禁忌红色的

人的感情和理智，不可能完全取得一致的意见。通过色彩来合理调节人的心理、生理，保证人们的内心健康，是十分必要的。根据研究者的经验，一般采用暖色和明色调占优势的画面，容易形成欢乐的气氛；而使用冷色和暗色调占优势的画面，容易造成悲伤的气氛，这对室内色彩的选择也有一定的参考价值。让我们来看几处案例，图4-20所示为以绿色为主色调的居住空间的设计，图4-21所示为以蓝色为主色调的室内空间的设计，图4-22所示为以米黄色为主色调的住宅内餐厅的设计，图4-23所示为以紫色为主调的卧室设计，图4-24所示为以白色为主基调的牙科诊室的室内设计。

图4-20　起居室

点评：这是一个小户型的空间设计，布局紧凑、功能完善。绿色为主色调，局部配以乳白色，碎花布艺沙发作为点缀，一股田园风弥漫开来，让整个空间显得清爽而自然，亲切可人。

图4-21　客厅局部

点评：整个客厅以蓝色系作为主调，但在具体的处理上却以不同的明度和纯度进行了区分。

图4-22　餐厅

点评：这是迦南别墅样板房的餐厅设计，米黄色的主色调，简练朴实的木质家具，精心布置的装饰物，打造出了一个温馨而舒适的用餐环境。

图4-23　卧室

点评：具有神秘、富贵之感的紫色窗帘和墙面，以及深沉的蓝色，营造出梦幻般的卧室空间。

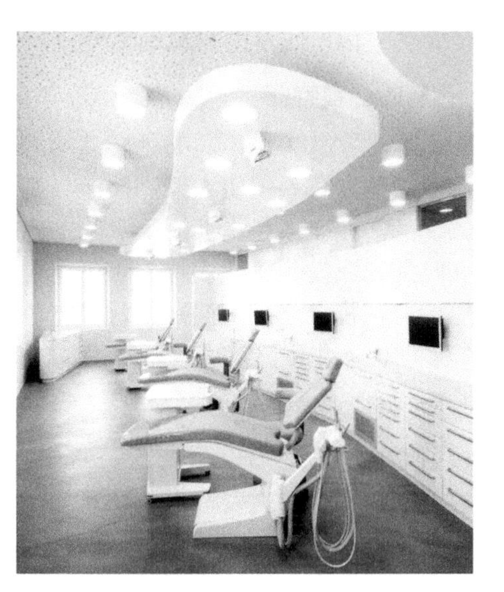

图4-24　牙科诊室

点评：纯净的白色恰恰符合医院的功能需要，深色的地面也给室内增加了稳重之感。特殊造型的白色吊顶暗示出室内的就诊区，加上内置光源和筒灯让室内通透明亮。

4.3 室内色彩设计的搭配原则和设计要求

在对空间进行色彩设计时，必须遵循室内设计的搭配原则，应特别注意不同色彩带给人的心理感受，并注意空间中的色彩要和谐、统一。具体要结合室内功能、大小、朝向、使用人群等因素进行设计。

4.3.1 室内色彩设计的搭配原则

室内色彩设计受到多种因素的制约，若想在室内设计中创造出某种格调，带给人们另一番视觉上的差异和艺术上的享受，就必须全面地考虑色彩、材质等方面的要求，使色彩更好地服务于我们整体的室内空间，达到更好的境界，在满足其功能的条件下更好地满足人们精神层次的文化需求。在设计时应遵循以下几个原则。

1．整体色调要和谐、统一

色调的统一与变化是色彩处理的根本原则，然而只有统一却缺乏变化容易使色彩变得单调、沉闷，只有变化却缺乏统一容易使色彩变得杂乱无章。室内设计色彩的和谐性犹如音乐的节奏与和声，两者只有完美搭配才能演奏出和谐的篇章。色彩的谐调意味着色彩的三要素(色相、明度和纯度)之间的靠近，表现出对比中的和谐、对比中呈现的美感。色彩的对比是指色彩明度、纯度的距离疏远程度。缤纷的色彩能给室内增添不同的“酸甜苦辣咸”，和谐是控制、完善室内空间氛围的基本手段。

2．色彩的心理特征

色彩心理学家认为，不同的色彩会给人带来不同的心理感受。暖色系能使人心情舒畅，产生兴奋感；而冷色系则使人感到清净，甚至有点忧郁。黑、白是两种极端的色彩，黑色会分散人的注意力，使人产生郁闷、乏味的感觉；白色对比度太强，长期在白色的空间内，易刺激瞳孔收缩，诱发头痛等症状。正确地运用色彩规律，能够有效地改善居住条件。小空间采用冷色调可在视觉上减少拥挤感。卧室色调暖些，有利于增进夫妻感情和谐；书房用淡蓝色装饰，能够使人集中注意力进行学习；餐厅里采用淡橙色，有利于增强食欲。

3．形式服从功能的需求

在进行室内空间设计时，应充分贯穿功能至上的设计理念。室内色彩设计应满足功能和精神方面的需求，给人营造出一种恬静、舒适的居住环境。不同的室内空间有着不同的使用功能，色彩的设计也要随功能的差异而做出相应变化。例如，儿童房与起居室，由于使用对象不同，功能也有显著的区别，在室内色彩设计方面也应有所区分。居室色彩总体格调应该体现居住、休息场所的特点，以平静、淡雅为主基调。室内的娱乐休闲室，色彩可以活泼些，以中性色为主，局部小面积可以用一些纯度较高的色彩。

形式服从功能(form follows function)是由美国芝加哥建筑派的领军人物路易斯·沙利文

(Louis Sullivan)在1907年提出的。“形式服从功能”是在大工业生产条件下，人们对产品批量化、标准化和实用化的要求。“形式服从功能”是现代主义设计的基本特征。

4. 设计中贯穿构图思维

在室内色彩配置时，首先要考虑空间构图的特点，正确处理协调与对比、统一与变化、主体与客体的关系。真正发挥色彩对室内空间的美化作用。在进行室内色彩设计时，第一步要定好空间色彩的主色调。形成室内色彩主色调的因素很多，但主要取决于色彩的明度、纯度和对比度。其次要处理好统一与变化的关系，在统一的基础上寻求变化，在变化中寻找统一，形成具有一定的韵律感、节奏感和稳定感的室内空间色彩。在选用室内色彩时，不宜大面积采用过分鲜艳的颜色，高纯度的色彩仅限于小面积的色块。为达到室内色彩的稳定性，最好遵循上轻下重的色彩关系，在变化中寻求统一。

5. 融入生态空间理念

室内色彩并非孤立存在，将自然色彩融入室内这种全新的生态理念，不但可以在室内创造自然色彩，还可以有效地加深人们与自然的亲密接触。花鸟鱼虫、庭院水池、观景假山是点缀室内色彩的一个重要方式，它能给人一种轻松愉快的联想，简单的点缀可以使我们的居住环境更好地与绚丽多彩的自然相融。为了更好地相拥自然，室内设计师常常在材料上运用大理石、花岗岩、原木等天然材质，加之盆栽等纯天然装饰物，能给人一种自然、亲切之感。如图4-25和图4-26所示的公共空间，各部分以及楼梯都以天然木质进行设计，本色的材质之美与现代的钢筋混凝土的空间形成鲜明对比。如图4-27所示的客厅，利用可循环再利用无污染的材料，结合替代型可再生能源的设计，真正实现了“绿色设计”。空间室内设计不需要珠光宝气，而是要正确地使用材料，合理地突出材料的特质，调动艺术手段创造出美好的环境、融洽的气氛，创造出与众不同的个性空间。

图4-25 公共空间(楼梯间)

图4-26 公共空间(休息厅)

图4-27　客厅

4.3.2 室内色彩设计的要求

色彩诉说人的心灵，诉说着人们的内心世界，它诉诸人们的情感体验。它是一种表述符号，通过色彩宣泄出内心那些极为复杂且无法表述的内在感受。在进行室内设计时，设计师们可以通过色彩表达出自己的内心世界。色彩受很多因素的制约，不同空间的使用目的不同，色彩的要求、作用就不同。效果取决于不同颜色之间的相互关系，同一颜色在不同的背景条件下，其色彩效果可以迥然不同。如何处理好色彩之间的协调关系，是色彩搭配的关键问题。

在进行室内设计时，首先应该考虑下面几个问题。

1．空间的功能，空间的使用目的

办公室、会议室、儿童房、KTV等具有特定功能的空间，需要根据特有的色彩特征要求进行设计，以此诠释空间的功能特点。图4-28所示为俄罗斯一家互联网公司的改造设计，明亮清新的色彩，空间造型结构的精巧可爱，展现出了企业的生机与活力。

图4-28　会客区

点评：在这个充满创意的办公空间中，分布着数个造型各异的小型会客区。图4-28所示的会客区造型借鉴了网络对话框的样式。同时，为了强调该区域的特殊功能，墙面与地面的色彩选用了鲜亮的绿色与黄色，清新而醒目的色彩洋溢着活力与生机，给人轻松愉悦的观感。此外，采用的半围合形式以及玻璃隔板，可避免因空间狭小而给人造成压抑感。

2．空间的大小、格局

有缺陷的空间格局可以通过色彩来调节，通过强调或削弱达到意想不到的效果。

3．空间使用人群

根据不同年龄对色彩进行有区分地运用，可满足各阶层人们的心理需求。图4-29和图4-30所示儿童房和儿童玩具店，设计师都采用了高纯度的色彩，充分反映了儿童的心理特点。

图4-29　儿童房

点评：如图4-29所示的儿童卧室的设计充分考虑到了小主人的喜好与需求。藏蓝色与深红色的搭配，正是孩子所喜爱的球队的代表色，该色彩在空间各处得以合理地运用与组合，正是设计师人性化地满足客户需求的设计。

点评：高纯度的橘黄、中黄、绿色给空间带来活跃的气氛，符合好动、活泼的儿童天性。

图4-30　儿童玩具店

4．空间的朝向

在不同自然光的调节作用下，空间的冷暖、明暗虽然有区别，但可以利用色彩进行调节。

5．空间的环境

色彩与环境有密切的关系，在室内环境中尤为明显。在室内，色彩的反射可以影响其他物体的颜色。与此同时，室外的自然景物也能反射到室内环境中来。所以，这就要求，在设计中尽可能选用与周围环境谐调的色彩。

6．空间的使用长短

不同使用目的的空间，使用时间也不尽相同。像学习的教室、酒店的包间等具有不同使用目的的使用空间，长时间使用的房间的色彩对视觉的作用比短时间使用的房间强得多。在设计这些房间的色彩时，应多考虑色彩的色相、纯度等因素，尽可能地加入减轻视觉疲劳的功效。

在进行室内色彩设计时，应全面地考虑影响色彩的因素，在满足其功能的条件下，也应从侧面展现出居住空间主人的喜好与品位。色彩作为室内环境的灵魂，从一定程度上满足人们心理、生理方面的需求。色彩富有情感且变化丰富，在设计中巧妙地利用色彩，可达到出其不意的效果。如图4-31所示的餐厅设计就几乎颠覆了人们对餐厅的传统色彩的认识，让空间呈现出另类的奢华质感。

点评：黑色的地板、深蓝色的皮质座椅、黑色的壁纸以及黑色的灯罩完全打破了传统餐厅的用色规律，这也许就是现代人张扬个性的表现。

图4-31　餐厅

4.4 室内色彩的设计方法

室内色彩的设计应首先根据空间功能确定室内的色彩主基调，注意各种色彩之间的关系，并通过色彩的重复、呼应、联系，加强色彩的韵律感和丰富感，使室内色彩达到多样化中有统一，统一中有变化，不单调、不杂乱，色彩之间有主、有从、有中心，形成一个完整和谐的整体。

4.4.1 确定基色调

室内色彩首先应确定空间的基调色彩，空间的冷暖、氛围、个性都可以通过主基调表现出来，在此基础上再考虑局部的适量变化。主调的选择在设计中占据至关重要的位置，设计必须十分贴近空间的主题。设计者可以通过色彩语言表达出自己想要表现的环境氛围，是典雅还是奢华？是恬静还是淳朴？经过仔细的鉴别和挑选，打造出自己独具特色的理想方案。

不同的色彩在不同的室内空间中，会对空间的性质、心理和情感反应形成不同程度的影响。下面以居住空间为例，对不同的室内色彩做出简要分析。

1．卧室

不同年龄层次的人对卧室的色调要求是不同的。例如，儿童房一般采用明快的浅颜色；

男生卧室一般以淡蓝色等冷色调为主；女生卧室一般以淡粉色为主；新婚夫妇的卧室大多采用热情的暖色调。卧室是休息的场所，颜色不宜太强烈，应多考虑优雅、静谧的色彩。

2．客厅

客厅是最能展现主人文化底蕴、审美情调的地方。客厅的色彩最好以热情好客的暖色调为基调，或以清新柔和的高明度、低纯度的色彩，并伴随着有较大跳跃感、对比强烈的装饰为主。如图4-32所示的客厅，天然的木质给人以温暖的感受，少而鲜艳的红色又为空间增添了些许生气。

3．餐厅

餐厅的色彩搭配要与客厅协调，具体可根据个人喜好而定，一般选用暖色调，如深橙色、橘红等，局部色彩可选用白色或淡黄色，从心理上提高人的食欲，突出温馨的家庭氛围。如图4-33所示的餐厅设计，精致的吊灯、朴实的木质家具、色彩艳丽的餐具与装饰画，打造出了一个自然清新且温暖亲切的用餐环境。

图4-32　客厅

点评：图4-32所示的客厅采用暖色的木质地板以及抬升的灰色地台，还有与地面呼应的木质吊顶。设计师在色彩的选择上虽以低纯度为主，然而几个大红色的靠垫却一下子改变了室内的气氛，为整个空间增添了活力。

图4-33　餐厅

点评：美式田园风格的餐厅设计，在色彩上采用酒红色与原木色作为主色调，绿色加以点缀，这种原生态的设计风格，古朴而大气。绿植的点缀让空间更增添一丝灵动，而设计精巧、色彩鲜艳的装饰物让用餐空间更具异域风情。

4. 厨房

厨房色彩的选择应以清洁、卫生为主，最好以白、淡灰、淡青为主。地面不宜过浅，采用耐污性好的颜色，墙面以白色为宜，便于清洁整理。图4-34所示为以白色为主调的厨房显得干净、整洁。

图4-34　厨房

点评：白色是厨房最经典的色彩，它可以让整个空间显得干净、整洁。

5. 书房

书房选用蓝、绿色等冷色为主，营造出一种安静、清爽的学习氛围。人们在此更有利于安静地学习思考。书房的色彩不宜过重，对比不宜强烈，光线的考虑是一个重要的因素。

6. 卫生间

卫生间的传统色彩通常以白色为主色调，但现在为了迎合现代时尚的设计理念，以深色为主色调的卫生间设计也逐渐受到人们的欢迎。同时大面积采用玻璃镜面作为装饰，让卫浴空间独具个性化，如图4-35所示。

图4-35　卫生间

点评：此独具现代感的卫浴间设计，体现出主人的高端品位。黑白相间的色彩运用，大面积玻璃镜的装饰，一改狭小空间的闭塞感，让整个卫生间通透明亮，且颇具时尚感。同时，空间布局简洁明了，功能齐全，能充分满足主人日常使用需求。

室内色彩是室内环境成败的关键。孤立的颜色无所谓美与不美，任何颜色都没有高低贵贱之分，没有不美的颜色，只有搭配不当的颜色。色彩的效果取决于颜色之间的相互搭配，如何处理好色彩之间的谐调关系，是配色的关键问题。

4.4.2 做到色彩统一

因职业、地位、文化程度、社会阅历、生活习惯等方面的不同，会形成千差万别的审美情趣。尽管如此，室内设计在室内色彩的选择方面还是有规律可循的。主基调确定以后就应该考虑色彩的施色部位及其比例分配。在室内设计方面，大致可以分三个部分去考虑。居室的天花板、墙面、地板等方面统一考虑；从卫生间、厨房、客厅、卧室、阳台的布局考虑；从家具、陈设的数量、摆放统一考虑。大面积的界面往往作为室内色彩表达的重点对象，可以根据不同的色彩层次，确定层次关系，突出视觉中心。此外还应该考虑家具与周围墙面的关系，可以采取统一材料来获得色彩统一。

解决室内色彩之间的相互关系，是构图设计的中心环节。室内色彩可以统一划分成许多层次，色彩关系随着层次的增加而复杂，随着层次的减少而简化，不同层次之间的关系可以分别考虑为背景色和重点色。背景色常作为大面积的色彩，宜用灰调；重点色常作为小面积的色彩，在彩度、明度上比背景色要高。在色调统一的基础上可以采取加强色彩力量的办法，即重复、韵律和对比，强调室内某一部分的色彩效果。室内的趣味中心或视觉焦点，同样可以通过色彩的对比等方法来加强它的效果。

4.4.3 画龙点睛

主体色、客体色、过渡色三者之间绝不是孤立存在的，如果机械地理解和处理，必然千篇一律，变得单调。那么怎样才能使画面不刻板、僵化，丰富多彩呢？这就要求设计师们在设计时，运用好以下几种方法。其一，相同色彩的重复再现，彼此间相互呼应。例如，白色的墙面衬托出红色的沙发，而红色的沙发也衬托出白色的靠垫，这种色彩图底的互换性，既呼应了基色，相同色彩的重复出现又统一了整体的画面。其二，色彩有节奏地再现。色彩有规律地跳跃，容易引起视觉上的节奏感。墙上的一组壁画，沙发上的一组抱枕，角落的一束盆栽都可以采用相同的色块取得联系，营造出富有节奏感的室内氛围。其三，强烈的对比色必不可少。采用色相对比、明度对比、饱和度对比等色彩对比手段，其目的都是为了达到谐调统一的室内效果。

就室内装饰画为例，在装饰画的选择方面，根据房间装饰的主色调和墙面的色调确定装饰画面的主色彩，一般房间装饰的主色调应与画面的主色彩为统一色调，切忌色彩对比过于强烈的冷色调和暖色调搭配。以白色为主的房间装饰可以搭配活泼、纯度较高的暖色调(如红色、橙色、黄色等)的装饰画。如图4-36和图4-37所示的客厅就利用了装饰画来改善空间环境，提升空间氛围。以灰色为主色调的房间装饰可搭配中性或稳定宁静的黑白色或者冷色调的装饰画。如果室内装饰风格整体较稳重，例如使用了胡桃木色，那么就可以选择高级灰、偏艺术感的装饰画；如果房间光线较强，可选择色调偏重的装饰画；而光线较暗的房间，可选择色彩较清新的装饰画。

图4-36 客厅

点评：客厅以橙色为主调的大幅装饰画带给整个空间无限的活力。

图4-37 客厅

点评：一幅装饰画既丰富了空间层次，又美化了空间环境，更展现了主人的审美品位。

4.5 室内色彩的配色技巧

在生活节奏逐渐加快的今天，选择一种自己喜欢的家居风格，以此为主线设计装饰搭配，是一种省时、省力的装修方式。不同的色彩对长期居住其中的人来说会产生不同的心理影响。可见，选用适当的色彩是十分必要的。空间的搭配色彩最好不多于三种颜色(黑白除外)；金色、银色可与任何颜色搭配；书房不要选用暖色系，尽可能选用安静的颜色，避免采用纯度较高，对比强烈的颜色；天花板、墙面和地面的色彩关系应依次加深，否则会产生头重脚轻的感觉。

室内色彩不是孤立存在的，空间和界面的色彩变化往往影响空间的尺度、比例、距离感、重量感和温度感，但与家具陈设相比，空间和墙面将成为背景颜色。如果将人的因素考虑进去，人将成为室内环境的主角，色彩还将受到光线、各种界面之间的反射、各种色彩之间的对比关系等因素的影响。世界上没有一种颜色是绝对不美的，也没有一种颜色是绝对美的。经过明暗、强度、平衡方面的巧妙调整，才能与其他色彩产生谐调感。色彩和谐的决定因素是相关性和对比性。相关性的色彩是由一组或者数据临近的颜色组合而成，会产生一组无偏差的和谐一致感。对比色是指色相环上刚好处于180°，相对应的两种颜色，两对比色差异很大，但属于冷色与暖色之间的平衡。和谐感的产生依赖于颜色的选择和色彩的亮度。

一般情况下，强调其中一种色彩，因为相同数的颜色组合在表现上会缺少韵律和平衡的意味。中间色可以提供视觉上休息的机会，综合重色的强烈效果，使得相近色之间的明暗更加和谐。

就室内色调整体搭配而言，单色系、纯色色调的选择十分讲究，对大面积的整体单色的处理，例如用重色，则色质过强，长期生活在那样的环境内，身体会产生不适感。所以单色基调的室内环境，一般首选淡色或彩度不高的颜色；就双色搭配而言，两者的比例都占30%以上，色彩会比较活泼与突出。时尚白加温馨黄这组平淡的颜色，适合搭配在卧室中，可让人在平静中入眠。色彩运用得好坏，直接会影响室内设计的最终效果，所以在搭配上一定要选用最适合的色彩。

1. 了解色彩的物理、生理、心理效应与室内色彩设计的关系。
2. 具体说说住宅室内设计的色彩设计原则是什么？
3. 室内色彩的搭配技巧有哪些？

以学生宿舍为设计对象，说说这一空间应如何进行色彩设计；说出目前宿舍室内色彩的优缺点，对不足的地方进行设计，并画出效果图。

第5章 室内家具设计

学习要点及目标

(1) 理解室内家具设计的概念。

(2) 掌握室内家具设计的分类，以及家具在室内空间中的作用。

(3) 通过对室内家具设计基础知识的学习，领悟家具与室内空间的关系。

核心概念

室内设计　室内家具设计　家具设计师　人体工程学　使用功能

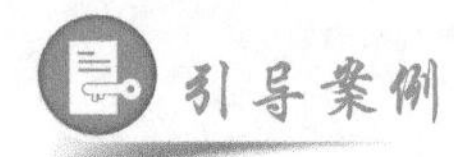

引导案例

公共空间休息椅

如图5-1所示的休息座椅，其雕塑感的造型俨然成了这个空间的一件艺术品。家具始终是人类与空间的一个中介物，是人类在建筑环境中再一次创造文明空间的重要产品，这种文明空间的创造是人类改变生活方式的一种设计创造与技术创造行为。人类不能直接利用建筑空间，需要通过家具把建筑空间划分为具有各种不同功能的空间，所以家具设计是室内设计的重要组成部分。

图5-1　休息座椅

点评：具有雕塑感的休息座椅，不仅具有基本的使用功能，同时也有效地将这个空间划分出一个休息区。蓝色的沙发与黄色的墙面形成色彩对比。

家具是室内设计的重要组成部分，与室内环境构成一个有联系的整体。家具不仅具有良好的使用价值和审美价值，而且好的家具设计更能突出室内环境设计的主题。想设计出优秀的家具，要认真学习不同国家、不同民族和不同历史时期家具的传统特点和成就，认真掌握有关的理论知识，提高艺术修养，熟练运用设计技巧，准确表达设计意图。设计中还必须掌握各种使用功能的要求及人体工程学在家具中的应用。在实际制作过程中，要不断熟悉新材料，掌握新技术，总结新经验。图5-2所示的是现代办公空间的家具设计，今天随着信息技术的飞速发展，计算机、国际互联网的普及改变了原有办公家具的形式，现代办公家具不仅提高了办公效率，而且也成为现代家具的主要造型形式和美学典范。

图5-2　整体办公家具

点评：这组整体的办公家具以流畅、简洁的线条为工作者创造了一个独立、安静的办公空间。环绕型的桌面符合办公的实际需要，弧线的设计符合人体工程学。

5.1 家具设计概述

家具是人类日常生活中必不可少的实用性物品，与人们的生活息息相关。家具反映了不同时期人类的生活和生产力水平，集科学、技术、材料、文化和艺术于一体。随着社会的发展，家具已不仅是一种简单的功能物品，更是人类文化艺术的一个重要组成部分，在一定程度上反映了人类的意识形态、社会心理、风俗习惯、生产方式、审美情趣和科技水平。在家具造型中，突出反映了室内设计艺术的本质，即科学性与艺术性的结合。科学性是指在家具设计中要符合人体工程学、材料学、施工工艺要求，以满足人们的物质生活需求；艺术性强调在家具设计中运用艺术形式因素来满足人们不断发展的精神生活需求。

早期的家具几乎都以木质为主要材料(见图5-3)，直到19世纪欧洲工业革命后，家具的发展进入了工业化的发展轨道，在现代设计思想的指导下，根据“以人为本”的设计原则，结束了木器手工艺的历史，进入了机器生产的时代。这一时期的家具形式多样，加上新材料与新工艺的介入，使家具的造型千变万化(如图5-4和图5-5所示的椅子设计)。家具在当代已经被赋予了最宽泛的现代定义，即家具、设备、可移动的装置、陈设品、服饰品等含义。今天各类家具贯穿于现代生活的方方面面，随着社会的发展、科学技术的进步、生活方式的变化，家具也处在发展变化之中。特别是儿童家具、信息时代的办公家具，它们以不同的功能特性，满足了不同使用群体的不同的心理和生理需求。如图5-6和图5-7所示，这是形态简洁、色彩鲜艳的儿童家具以及组合的办公家具。

图5-3　木桌

点评：早期的木制家具多以透明漆涂饰表面，常有金属、螺钿等配饰。

图5-4　瓦西里椅

点评：这件家具由著名的设计大师布劳耶(Mareel Lajos Breuer)设计，因第一次应用新材料(弯曲钢管)制作家用家具而名垂史册。

图5-5　蚁形椅

点评：这件家具由丹麦工业设计大师雅各布森(Arne Jacobsen)设计，因椅子的外形酷似蚂蚁而得名。

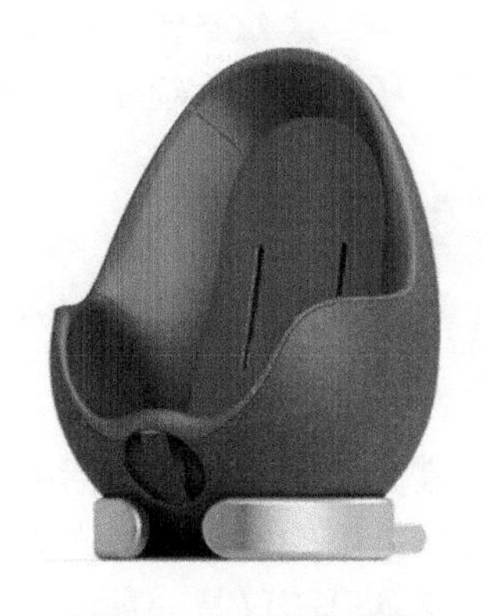

图5-6　儿童汽车座椅

点评：仿生的造型、鲜艳的色彩，既是座椅又像是可爱的玩具。

图5-7 办公家具

点评：信息时代的今天，传统的办公方式正在消失，新的办公观念正在产生。新型的办公家具应运而生。

5.2 家具的分类

按照家具的功能，家具分为坐卧类家具、储藏类家具和凭倚类家具。

5.2.1 坐卧类家具

坐卧类家具是指用来直接支承人体的家具，如床、榻、凳、椅、沙发等。坐卧类家具的设计是家具设计中的重要部分，是与人体接触最为密切、使用时间最长和使用功能最多、最广的基本家具类型，造型式样也最多、最丰富。坐卧类家具按照使用功能的不同可分为沙发类、椅凳类、床榻类三种。

1．沙发类

沙发类家具在材料上以金属弹簧、方木结构、海绵软垫为主。表面材料从真皮到现代布艺沙发，面料多种多样，装饰性强。传统中笨重的沙发造型也日益变得更加轻巧，易于移动，更加具有抽象雕塑般的造型与美感，流行与时尚的色彩与款式。图5-8所示的是组合沙发。

2．椅凳类

椅凳属坐类家具，品种最多，造型最为丰富。绝大部分家具设计大师的经典代表作品都是以椅子的造型出现的。椅凳类家具从传统的马扎凳、长条凳、板凳、墩凳、靠背椅、扶手椅子、躺椅、折椅、圈椅，发展到今天具有高科技和先进工艺技术及复合材料设计制造的气动办公椅、电动汽车椅、全自动调控航空座椅等。在家具史上椅凳的演变与建筑技术的发展同步，并且反映了社会需求与生活方式的变化，甚至可以说是浓缩了家具设计的历史。图5-9

所示为钢管材质的休息椅，图5-10所示为学生座椅，图5-11所示为办公座椅，图5-12所示为休闲座椅。

图5-8　组合沙发

图5-9　休息座椅

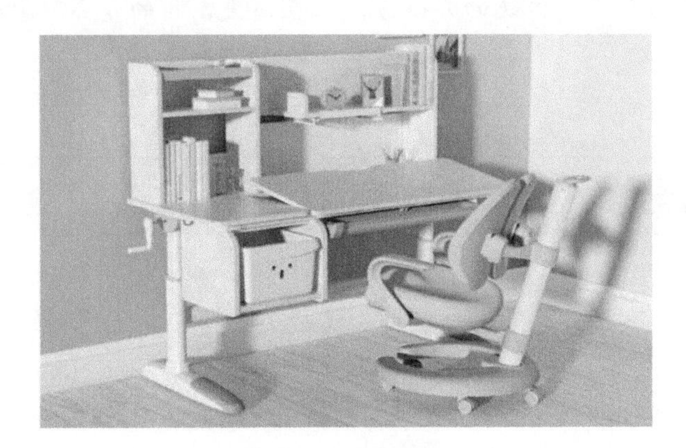

图5-10　学生座椅

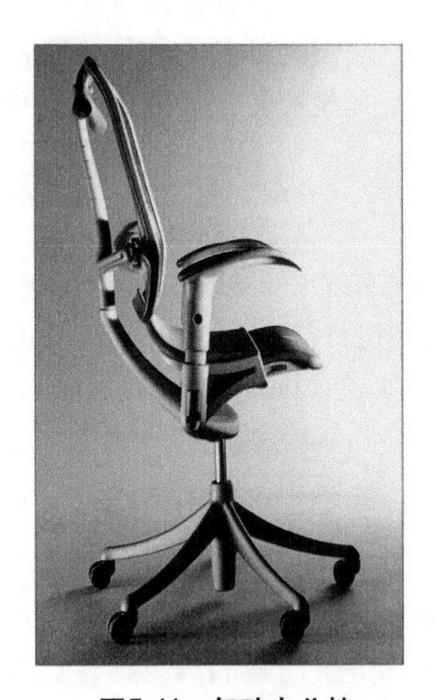

图5-11　气动办公椅

图5-12　休闲座椅

3. 床榻类

床榻类家具是用来支撑人体休息睡眠的家具。现代的卧床家具设计越来越重视以人为本的功能设计，尤其是人体工程学导入家具设计后，根据人的生理和心理感受来设计卧床，这成为家具设计师的主导思想。研究表明人体睡眠所需要的最佳宽度，单人床最佳宽度是900～1200mm，双人床最佳宽度是1500～2000mm、高度是400～500mm，如图5-13所示。

图5-13 床

点评：床后面是软包，配上靠垫，可供倚靠之用，配合温暖的灯光设计更增添了卧室的温馨感。

5.2.2 储藏类家具

储藏类家具指储存物品的家具，在使用上分为橱柜和屏架两大类。储藏类家具在设计上必须在适应人体活动的范围内来制定尺寸和造型。在造型上分为封闭式、开放式、综合式三种形式，在类型上分为固定式和移动式两种基本类型。图5-14～图5-16所示为不同功能的储藏柜。

图5-14 储物柜

图5-15　置物架

图5-16　可移动式储物格

5.2.3 凭倚类家具

凭倚类家具指供人们凭倚、伏案工作时与人体直接接触的家具，包括桌类、台类、几、案等。凭倚类家具与人体动作产生直接的尺度关系，尺度直接影响人体的舒适性以及身体的健康。确定这类家具尺度必须依据人体的结构和功能尺寸，只有如此才能选择合适的数据，应用到家具设计中。同时应强调凭倚类家具之间的配合关系，如桌子和椅子、茶几和沙发。家具之间统一设计，配套使用，可实现使用功能上的统一。如图5-17和图5-18所示的组合办公桌椅，以及如图5-19所示的多色桌子和如图5-20所示的办公桌，都强调了现代办公空间的复杂与多样性，以及使用人群的特点，充分发挥了设计师的想象力和创造力。

跟椅子一样，桌子也已成为我们日常生活不可或缺的一部分。桌椅都是家具的基本原型，现代家具设计师通过不同的创意、造型、材料、工艺与结构赋予了桌子设计新概念，这些设计师的作品都令人神往。它们都出自富有想象力的设计师之手，有的表达的是审美品位，有的突出的是对材料的处理，所有这些都是设计师智慧的结晶。

图5-17　组合办公桌椅(1)

点评：立板的设计使每位工作者各自独立，又彼此联系。这套桌椅既可以成组使用，也可以单独使用。

图5-18　组合办公桌椅(2)

点评：这是一个两人的组合办公桌椅，波浪形的桌面不是随意的设计，而是将对应的座椅位置设计成凹进形状。上部的半圆形既可以储物，又避免了灯光直接射入眼睛。

图5-19　儿童桌椅

点评：儿童桌椅全部为圆角设计，家长不必再担心孩子和家具的“零距离接触”；加上鲜艳的色彩，尽管没有多余的装饰，却恰恰符合这个年龄的特点。

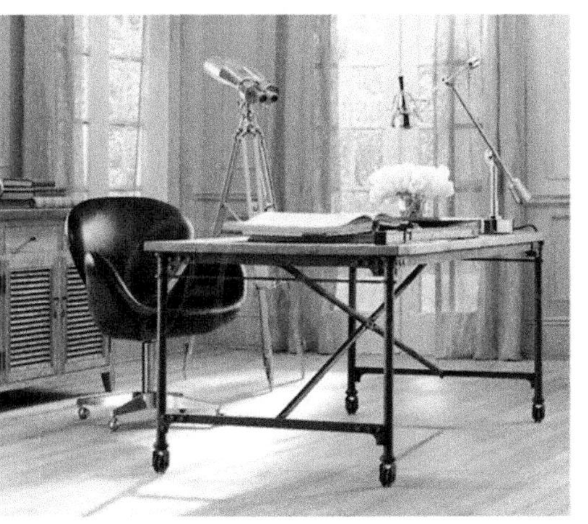

图5-20　可移动办公桌

点评：桌面的高度也可随人的高度进行调节。金属管上的配件都可以根据需要拆装。主人也可以根据位置需要灵活移动。

5.3 家具在室内空间中的作用

家具在室内空间中主要有着分隔空间、组织空间和丰富、填补空间的作用。设计师应依据空间的功能与特点对室内空间进行合理布置，充分起到家具对空间的装饰和调整作用。

5.3.1 分隔空间

现代室内空间随着框架结构建筑的普及，建筑内部空间越来越大，越来越通透。无论是住宅、办公空间、商业空间都需要借用家具来进行划分，以替代原来墙的作用，这样既能使空间丰富通透，又满足了使用的功能，且增加了使用面积。例如，以大型衣柜、工艺架、书柜或屏风分隔的住宅空间；用文件柜、现代办公桌分隔的大空间办公室；商业空间利用展架分隔的购物环境。这种设计避免了原本墙体的局限，在造型上大大提高了空间的灵活性和利用率，同时丰富了室内建筑空间的造型。图5-21所示为可移动拆卸的展架。图5-22所示为固定的电视隔断。图5-23所示为大型办公区中以组合办公桌划分的独立办公区。图5-24所示为固定玻璃屏风分隔的接待区和会议区。图5-25所示为办公室的分隔。

图5-21 可拆卸展架

点评：可拆卸的展架可以根据空间的大小随意组合，灵活地划分空间。

图5-22 电视架

点评：这种半封闭式电视架的设计既可以明确划分空间，又起到了装饰作用。

图5-23　大型办公空间

点评：这个大型的办公区有效地利用组合办公家具进行了空间分隔。“V”形的大型灯罩也起到了划分空间的作用，它将多个办公桌分成了几组，同时也调节了空间的气氛。

图5-24　玻璃屏风

点评：打开的玻璃屏风让会议室和接待区互相渗透连接，增大了空间面积；而玻璃屏风扭转关闭后，这里便形成了两个独立的空间。

图5-25　办公室

点评：玻璃隔断分隔了办公空间的走道和工作区，让围合的独立区域成为一间间半私密的工作区 。公共区域两把座椅与茶几的组合，让这一空间成为整个办公区的休闲地带，座椅的黄色椅面还给办公区增添了活力。

5.3.2 组织空间

对于任何一个建筑空间，其平面形式都是多种多样的，功能分区也是如此，用地面的变化、楼梯的变化以及顶棚的变化去组织空间必定是有限的。因此家具就成为组织空间的一种必不可少的手段。家具不仅能把大空间分隔成若干个小空间，还能把室内划分成相对独立的空间。在空间摆放不同形式的家具，使空间既有分别，又有联系，在使用功能上和视觉感受上形成有秩序的空间形式。

在室内空间中，不同的家具组合可以组成不同功能的空间。如图5-26所示，沙发、茶几、灯饰不同的摆放，分隔出了起居、娱乐、会客、休闲的空间；如图5-27所示，餐桌、餐椅组成就餐空间；如图5-28所示，整体化、标准化的现代厨房用品组合成备餐、烹调空间；如图5-29所示，法国巴黎珠宝专卖店中由桌椅组成接待区。随着信息时代的到来、智能化建筑的出现，现代家具设计师将创造出丰富多样的新空间。

为了提高内部空间的灵活性，常常利用家具对空间进行二次组织，如利用组合柜与板、架等家具来组织空间，利用吧台、操作台、餐桌等家具来划分空间，从而使空间既独立又相互连接，如图5-30所示。

图5-26　会客厅兼卧房

点评：小空间的室内，常利用家具来划分不同功能区。这个小空间就通过家具的摆放，将空间分隔成会客厅和卧室。

图5-27　餐厅

点评：半封闭的隔墙、餐桌、餐椅和照明将这一区域明确地划分成就餐区。

图5-28　餐厅

点评：由整体橱柜将空间分隔成家庭厨房和备餐区。

图5-29　珠宝店的接待区

点评：由设计独特的座椅和桌子将空间划分成一个个独立的接待区域。

图5-30　餐厅兼客厅

点评：用餐台划分会客厅和餐饮空间。

5.3.3 丰富和填补空间

当一个人长时间观看一种颜色和一种灰度的东西时，眼睛会感到疲劳。人们对自然界五彩缤纷的颜色和各式各样的形状的适应同人们对食物的需求一样。家具的作用不仅影响人的视觉，还会影响到人的心理。家具在视觉上很大程度地丰富了空间，它既是功能家具，又是一件观赏品，也可以使空间富有变化，增加空间的凝聚力和人情味。如图5-31所示，一组趣味家具会给紧张的生活增添几分情趣；如图5-32～图5-34所示的座椅从色彩到形态都无比生动有趣。

图5-31　趣味家具

点评：“弯腰”的高柜、弧形的储物柜、翘腿的小桌，设计师仿佛听到了人们的笑声。

图5-32　沙发

点评：你看出来了吗？这个大红色的单人沙发正像一个抽象的下蹲人体。

图5-33 座椅

点评：极具现代感的镜面材料，加上红色的配色，恰似空间中的一件装置艺术品。

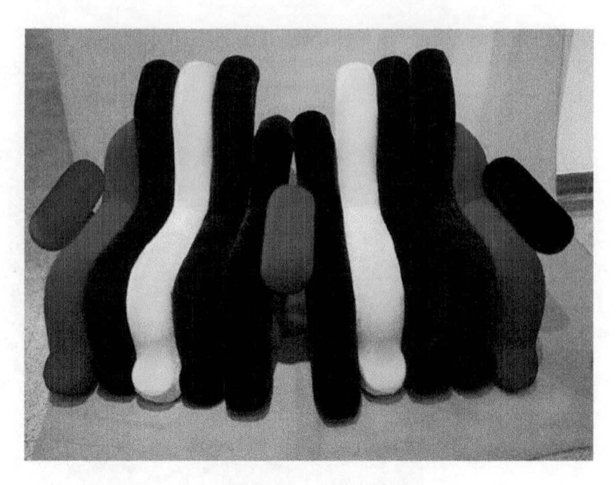

图5-34 双人沙发

点评：这是一件由色彩艳丽的织物包裹的趣味沙发，形态拟人生动。

5.4 家具的色彩设计原则

家具色彩与家具形态共为一体，家具的色彩相对于形态和材质，更趋于感性化。它的象征作用和对于人们情感上的影响力，远大于形和质。

1．整体原则

家具艺术色彩设计的最终目的都应该是要达到一种整体的效果。它包含单件或整套家具的各个组成部分的色彩，家具色彩与室内环境的统一。如图5-35和图5-36所示的家具就采用了整体的设计原则。

图5-35 卧室家具的色彩设计

点评：无论是窗帘、沙发、还是墙面，在颜色上都互相呼应，使整个室内空间形成一种整体的感觉，更有一种独特的品位。

图5-36 沙发

点评：沙发是家具中使用比较普遍的一种，它的占地往往比较大，低纯度的色彩结合柔软的材质，与墙面、地面统一和谐。

2．创新原则

家具的色彩应具有创新性，这种创新可以是家具的色彩创新，也可以是搭配的创新，亦可结合材质的肌理效果整体创新。如图5-37所示，座椅兼书架的色彩极具创意。

图5-37 座椅兼书架

点评：这件造型独具特色的家具，在色彩上选择了黑与粉的结合，让人眼前一亮。

3．流行原则

家具色彩设计应适应现代设计思潮的变化，顺应市场的需求，注重流行色的运用。在进行家具色彩设计时，更重要的是把握流行色的演变规律，通过市场预测未来消费者的色彩倾向，准确地进行市场定位，生产出引领时代潮流的家具。如图5-38所示，白与黑是经久不变的流行色。

家具产品的色彩设计如同其他产品设计一样，也要考虑环境因素的影响，考虑消费者的个性需求因素。只有深入地分析影响家具色彩设计的诸多因素，并运用家具产品色彩设计的基本原则和常用色彩设计手法，以市场为导向，才能设计出具有理想色彩的家具产品，满足人们对家具产品的色彩需求。如图5-39所示，儿童家具干净的白色让空间宽敞明亮。

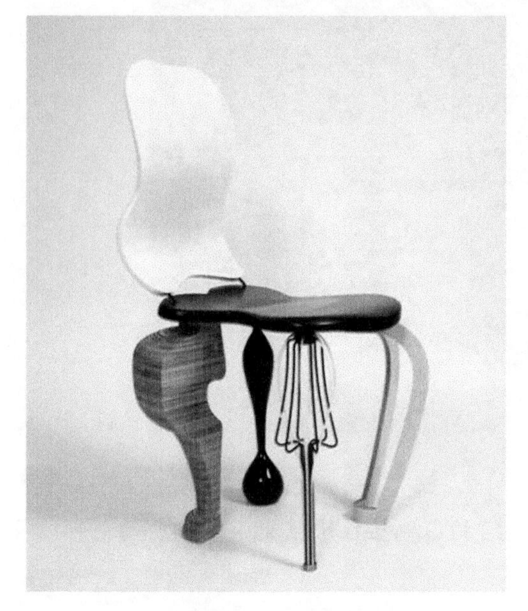

图5-38 座椅

点评：趣味的形态，黑与白的对比，这样一件极具个性的座椅应是追求时尚的年轻人的首选。

图5-39 儿童家具

点评：作为一件儿童家具来说，集睡觉、学习和娱乐功能为一体，是十分实用的。这样功能繁多的组合家具，白色是最佳的选择。

5.5 家具的设计方法和原则

家具是室内设计的重要组成部分。用同样的材料，根据同样的功能要求，由不同的人设计，其结果常会不同。好的家具设计应该体现科学性和艺术性的统一，这就要求设计人员掌握造型设计的基本原理，总结规律，充分满足使用者的使用需求和审美需求。

5.5.1 家具设计的方法

室内空间中，家具的占地面积最好不要超过地面面积的1/6，家具的体量能够满足使用要求即可。色彩在空间里起着巨大的作用，特别是对于小空间，在视觉局促的情况下，家具色彩的选择最为重要，因为进入空间里，直接看到的就是家具，对视觉的影响很大，因此应尽量选择明度和纯度较高的家具。地面和顶面以及饰品也同样需要和家具相协调，色调要保持统一。家具材料的选择上，质感特别关键，光滑、粗糙、柔软、坚硬等不同的材质会带给人不同的心理和生理感受。如图5-40所示，座椅会给人以柔软舒适的感觉；如图5-41所示，坚硬的坐凳面可能很少有人会坐。

图5-40　座椅

点评：曲面的椅子加上柔软的坐垫，从视觉和生理感受上都非常舒适。

图5-41　坐凳

点评：坚硬的坐面加上直线的几何线条造型，在心理和生理上都给人生硬的感受。

5.5.2 家具的尺度

以住宅为例，家具的尺度与使用者是否使用方便和舒适紧密相连。在人的整个生活经历中，至少有一半的时间是在这里度过的。人的各种活动都发生在这里，所以居住环境的好坏对于每个人来说都至关重要。根据人在住宅中的活动内容，一套住宅大体包含以下几方面的功能：客厅、厨房、卧室、书房、餐厅、卫生间、交通空间。每一种房间都需要配备必要的家具和设备，这些家具和设备的尺度、安放的位置必须与人的活动内容、活动方式相一致，必须符合人体工程学，如图5-42所示。表5-1所示是国家最新家具设计的基本尺寸。

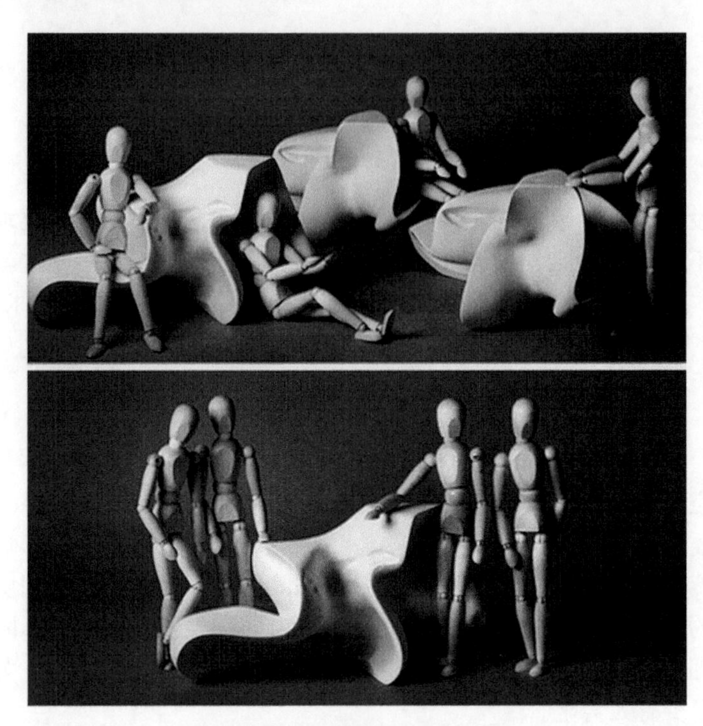

图5-42 人与家具的尺度关系

点评：这张图表现了人坐、靠、站立等姿态与家具的关系。

表5-1 国家最新家具设计的基本尺寸 单位：mm

房间	家具	类型	形状	尺寸
客厅	沙发	单人式		长度800～950 深度850～900 坐垫高350～420 背高700～900
		双人式		长度1260～1500 深度800～900 坐垫高350～420 背高700～900
		三人式		长度1750～1960 深度800～900 坐垫高350～420 背高700～900
		四人式		长度2320～2520 深度800～900 坐垫高350～420 背高700～900
	茶几	小型	长方形	长度600～750 宽度450～600 高度380～500
		中型	长方形	长度1200～1350 宽度380～500 高度380～500
			正方形	长度750～900 高度430～500
		大型	长方形	长度1500～1800 宽度600～800 高度330～420
			圆形	直径750～1200 高度330～420
			正方形	宽度900～1500 高度330～420
厨房	操作台			台面高度800～900 进深不超过600(大理石一般不超过600)
	吊柜			以地面计算高度1500 进深400
卧室	四门衣橱			进深600～650 宽度2000～2400 高度1800～2000
	单人床			宽度800～1200 长度2000 高度400～500
	双人床			宽度1500～2000 长度2000 高度400～500
	圆床			直径：1860～2424

续表

<table>
<tr><td rowspan="4">书房</td><td>书桌</td><td>深度450～700　高度750　宽度900～1500</td></tr>
<tr><td>活动式</td><td>深度650～800　高度750～780　宽度900～1500</td></tr>
<tr><td>书柜</td><td>高1800　宽1200～1500　深450～500</td></tr>
<tr><td>书架</td><td>高1800　宽1000～1300　深350～450</td></tr>
<tr><td rowspan="4">餐厅</td><td>餐桌</td><td>高度750～780　方桌宽度1200、900、750</td></tr>
<tr><td>西餐桌</td><td>高度680～720　方桌宽度1200、900、750</td></tr>
<tr><td>长方桌</td><td>高度750～780　宽度800～1200　长度1500～2400</td></tr>
<tr><td>圆桌</td><td>直径900～1800</td></tr>
</table>

注：书桌下缘离地至少580mm。

5.5.3 家具设计的原则

设计一件家具时，功能、舒适、耐久、美观是家具设计的最基本的要求。

功能即实用，一件家具的功能是相当重要的，它必须能够体现出本身存在的价值。一件家具不仅要具备它应有的功能，而且还必须具有相当的舒适度。一块石头能够让你不需要直接坐在地面上，但是它既不舒服也不方便，然而一把椅子却不同。图5-43所示是著名的“温莎”椅。你要想一整晚能好好地躺在床上休息，床就必须具备足够的高度、强度与舒适度来保证这一点。一件好的家具应该有较长的使用寿命，同时耐久性也是质量的体现。然而一件耐久、牢固，但是外形十分难看，或者坐在它上面极为不舒服的椅子，也不是高质量的椅子。

图5-43　“温莎”椅

点评：宽大的实木饰面可以使用户背部舒适。接近两英寸厚的座板，有足够的承受力，椅子优美的线条让人爱不释手，更是满足了使用者的审美需求。

1. 试着讲讲你对室内家具的理解。
2. 作为家具设计师应该了解哪些方面的知识?

观察你所居住的室内空间(可以选择宿舍或者你的家居住宅，也可以是其他你熟悉的场所)，观察在这些空间内的家具的设计，分析它们各自的特色、风格、作用以及优点与缺点。

第6章 室内照明设计

学习要点及目标

(1) 理解室内照明设计的概念。
(2) 掌握室内照明设计的原则、照明方式及类型。
(3) 重点学习室内照明表现方式及各个空间的照明设计。
(4) 通过对室内照明设计的学习，培养设计过程中能合理正确地使用灯光照明。

核心概念

室内照明　照明灯具　照度　眩光

引导案例

法国慕得餐厅

如图6-1～图6-3所示，这是由著名设计师狄迪耶·郭梅兹设计的法国慕得餐厅的局部。餐厅通过照明、家具、陈设等空间元素塑造了一个介于东西方文化之间的高档就餐场所。这个场所包括餐厅、酒吧与雅座等不同餐饮空间，每一部分都有着独特的装饰风格与气氛，尤其是各空间的照明设计，设计师依据照明的设计原则，通过多样的照明形式，传统与现代结合的灯具，营造出丰富、迷人的空间气氛。

图6-1　慕得餐厅中央与四周照明

点评：餐厅利用中央大型吊顶设计的发光顶棚，配合着顶棚的点状光源，满足了空间的基本照明要求。为了补充餐厅周边的亮度，又在顶棚边缘安装了射灯，这样就解决了四周光源的不足问题。为了营造餐厅其乐融融的氛围，对于光色则选择了略带橙色的暖光源。

图6-2 慕得餐厅中西合璧的氛围

点评：在餐厅中央有大型的主体式照明，加上灯罩上经典的中式几何花纹，使空间沉浸在一股中西合璧的氛围之中。深蓝的墙面，反衬出红色的壁龛，使得壁龛中的艺术品在重点照明灯具的照射下显得更加精美无比。两排红色单人沙发更为空间增添了喜庆的气氛。

图6-3 慕得餐厅一角

点评：远离大厅的小空间，在红色的包围中显得私密而舒适。天花板垂下的精致吊灯、镜面的墙壁装饰，映照着几乎无色彩的19世纪女性的肖像，与原木的餐桌在一片暖色的光源中形成对比。

室内照明设计对于室内设计具有实用性和艺术性两方面的作用，这是室内照明设计的本质。照明的实用性是指通过照明人们可以在室内进行日常的活动，同时照明要符合人们的基本需求，不可过暗或过亮，否则都会影响人的生理或心理健康。照明的艺术性就是用室内照明创造不同功能空间的气氛。总之，利用室内照明进行实用性、艺术性设计就是对室内进行加工，以满足人们的功能需求和心理需求。

6.1 室内照明设计概述

纵观整个历史，室内照明从最早的火，到后来的油灯(见图6-4)，再到蜡烛，都是古代主要的照明工具，直到17世纪70年代美国发明家爱迪生发明了电灯泡(见图6-5)，人类照明才进入了新时代。电灯泡的发明更利于人在明亮的室内活动，所以室内照明的基本功用，是保证人的各种活动正常进行时所需要的光亮。

图6-4　古代灯具

图6-5　电灯泡

照明分为自然照明和人工照明。自然照明是指自然光(见图6-6)，利用大面积的玻璃窗引入自然光源。人工照明是指人造的照明工具，如图6-7所示为借用天窗的自然照明和灯具的人工照明设计的图书馆的照明。本书涉及的是人工照明。

在光的照耀下人们看到了千姿百态、丰富多彩的大千世界，同样人的生活和工作也离不开光。作为人类环境组成部分的建筑，人们只有通过光才能看到它。法国著名的建筑大师柯布西耶(Le Corbusier)说："建筑必须透过光的照射，才能产生生命。"图6-8是柯布西耶设计的朗香小教堂，通过其建筑的外部设计对室内进行透光照射，并镶嵌彩色玻璃。光透过彩色玻璃照射进来，会给室内空间笼罩上一层虚幻、迷离的神秘色彩。柯布西耶的言论对于建筑的室内空间来说也同样适用。合理地使用照明器具，巧妙的整体照明设计，会为不同空间营造出舒适、惬意的室内光环境，以满足人们的精神需求。冈那・伯凯利兹(Ganna Bokayleeds)说："没有光就不存在空间。"光照的作用，对人的视觉功能极为重要。因此，室内自然照明或人工照明的设计在功能上要满足人们多种活动的需要，而且还要重视空间的照明效果。

图6-6 书房阅读区

点评：住宅的照明中自然照明是非常必要的，在满足人的基本活动的需要的同时阳光也为室内带来生机。大面积的落地窗是引入阳光的最佳手段。在自然照明的环境下，室内光线变得柔和、明亮。

图6-7 图书馆公共阅读区

点评：作为公共空间的图书馆需要室内有足够的照明条件，这个图书馆将自然照明和人工照明很好地结合起来。顶棚巨大的天窗和墙面的开窗都有效地引入了自然光源，天花垂吊的人工照明也很好地补充了局部光线的不足。

图6-8　朗香教堂内部光影效果

点评：光影透过彩色玻璃从大小不一的窗口投射进来，形成一簇簇光怪陆离的光束，柯布西耶精心的设计恰恰符合教堂的内部照明要求。

在进行室内照明设计时，经常需要计算室内光的物理量，以满足空间光环境的要求。要想学好照明设计，首先应了解基本的光度单位，主要包括光通量、光强、亮度、照度等。

6.1.1 基本光度单位

1．光通量

光通量是指人眼所能感觉到的辐射能量，用来表示光源发出光能的多少，它是光源的一个基本参数，单位是流明(lm)。

2．光强

光强是发光强度的简称，是指光源在指定方向的单位立体角内发出的光通量，也就是光通量的空间密度，单位是坎德拉(cd)。

3．亮度

亮度是指发光体在视线方向单位面积上的发光强度，单位是坎德拉/平方米(cd/m^2)，也称尼脱(nt)。在光度单位中，亮度是唯一能直接引起眼睛视感觉的量。

4．照度

照度是指光源落在被照面上的光通量，也就是光通量的平面密度，单位是流明/平方米(lm/m^2)，也称勒克斯(lx)。照明和采光标准中，常用照度来衡量照明和采光质量的优劣。表6-1中是不同房间的平均照度值。

表6-1 不同房间的平均照度值 单位：Lx

房间功能	平均照度
阅读、工作	150～750
短时间阅读、工作	100～500
起居、休闲	30～75
影音	20～50
洗浴、更衣	50～100
用餐、烹饪	50～100
交通	30～75

6.1.2 色温和显色性

在知道光度单位后，还要从色温和显色性这两方面了解光源。

1. 色温

人眼感受到的光源的颜色，以色温表示。色温是专门用来量度和计算光线的颜色成分的方法，单位是开尔文(K)。不同的色温光源适用于不同的功能场所。

2. 显色性

光源对物体颜色呈现的真实程度称为显色性，用显色指数Ra表示，它的满值是100，80以上显色性优良，79～50显色性一般，50以下显色性差。不同的显色性也适用于不同的功能场所。表6-2中是不同功能房间的显色指数，表6-3是不同光源的色温与显色性。

表6-2 不同功能房间的显色指数

房间功能	显色指数
绘图、展示等，辨色要求高	大于80
起居、工作等，辨色要求较高	60～80
交通等，辨色要求一般	40～60
储存等，辨色要求低	小于40

表6-3 不同光源的色温与显色性

光源种类	色　温	显 色 性
白炽灯	2800	100
卤素灯	2950	100
暖白色荧光灯	3500	59
冷白色荧光灯	4200	98
日光色荧光灯	6250	77
低压钠灯	1800	48
高压钠灯	1950	27
汞灯	3450	45
金属卤化物灯	5000	70

6.2 灯具类型和散光方式

按照灯具的安装方式和位置，灯具大致可分为嵌顶灯、吊灯、壁灯、吸顶灯、筒灯、射灯、巢灯及移动灯具。按照灯具的散光方式，大致可以分为直接照明、间接照明、漫射照明、半间接照明、半直接照明五种形式。

6.2.1 灯具的类型

灯具的造型与风格多种多样。如何才能在众多的灯具中挑选适合空间特征的灯具呢？首先，灯具的尺寸要与空间大小相协调，并与空间整体风格相一致。例如，欧式风格的空间，就要选择带有欧式元素的灯具。灯具的种类繁多，除了应注意上述要求外，灯具的使用功能也不容忽视。首先要符合空间的用途，其次要考虑与空间协调相称的风格。只有解决好这些问题，才能使室内空间与灯具起到相互衬托的作用。

1．嵌顶灯

嵌顶灯是指灯座安装在天花板内部，灯面露出的部分与天花板平齐，光量直接投射在室内空间的灯具。办公室、教室、图书馆多选用这种类型的灯具，如图6-9所示。

图6-9　别墅休闲阅读区

点评：简洁、明亮的嵌顶灯既符合这个空间的功能特点，也满足了阅读区的光照条件。

2．吊灯

吊灯是指直接吊装在天花上的灯具。住宅中的客厅、酒店的大堂、商业空间常常使用吊灯。它不仅可以满足室内照度，而且可以烘托空间气氛。图6-10所示为珠宝店精美的水晶吊灯，彰显出空间的气派与奢华；如图6-11所示，餐桌上的吊灯可以很好地烘托餐厅的整体气氛。

图6-10　珠宝店

点评：方形展台上方垂吊的水晶灯不仅有效地划分出珠宝展示区，同时也突显了珠宝的奢华之感。而位于水晶灯四周的环形灯带以及墙壁上内置的光源则成为完善空间整体性的重要构件。

图6-11　餐厅

点评：餐桌上方黑白相间的圆形灯罩恰与圆形餐桌相呼应，而灯具的风格和颜色也恰恰与室内的格调相统一。

3．壁灯、吸顶灯

壁灯是指安装在墙壁上的灯具，造型简洁、光线柔和，适用于卧室、走廊等。客厅隔断上的壁灯，它是空间中的辅助灯具，能起到局部照明的作用。吸顶灯是指将灯具直接安装在天花板上的灯具，光线较强，可以用在住宅的卧室和厨房，是空间的主要照明灯具。

4．巢灯

巢灯又称“反光巢灯”，或结构式照明装置，是固定在天花板或墙壁上的线状或面状的照明，常选用日光灯管形式。通常有顶棚式、檐板式、窗帘遮蔽式和发光墙等多种做法。一般不会直接看到灯具，常用来做背景或装饰性光源。图6-12是办公大楼的大厅，装饰墙在顶棚式巢灯的映衬下层次感更加突出。

图6-12　办公大厅

点评：大厅顶部以环状的弧线装饰来丰富室内空间，布满均匀有序的条形灯和点状分散的光源，让大厅整体显得简洁、明亮、大气，内部装饰配以大地色系和金色系，给人以沉稳的印象。

5．移动灯具

移动灯具包括台灯、落地灯、轨道射灯，是可以根据需要自由放置的灯具。它是室内的辅助灯具，如图6-13所示，一般用来加强局部的亮度，适合阅读或休息，使用方便、灵活。

图6-13 客厅

点评：客厅中的立式灯是这一空间的辅助灯具，这种灯具一般采用暖光源，将室内打造成更加温馨、放松的环境。

6.2.2 灯具的散光方式

多样的灯具种类使光源的散光方式有所不同。

1．直接照明

直接照明是指90%～100%的光线直接照射物体。一类是没有灯罩的灯泡、日光灯、白炽灯所发射的光线，如图6-14所示；另一类是灯泡、日光灯、白炽灯上部有不透明的灯罩，光源直接向下投射到被照面，如图6-15所示。这种照明特点是光量大，常用于室内一般照明、公共大厅或局部照明；缺点是容易使人视觉疲劳。所以在使用时应注意避免直接接触光线，安装时要避免眩光的产生。

2．间接照明

间接照明方式和直接照明恰恰相反，是指照明器具被不透明的灯罩遮挡后，光源投射均匀。间接照明方式通常只有和其他照明方式配合使用，才能取得特殊的艺术效果。一般用于餐厅、卧室和娱乐场所等。如图6-16所示，不透明的白色灯罩遮挡了照明器具，形成了柔和的光照。

3．漫射照明

漫射照明是指利用半透明灯罩遮挡照明器，40%～60%的光源直接投射到被照物体上的照明方式。这种方式能成功地控制光线的眩光，将光线向四周扩散漫射，但光量较差。常和其他照明方式结合使用。一般室内用灯、吸顶灯、壁灯多属于这种照明方式。图6-17所示为一组用半透的有机玻璃将照明器具全部包裹的灯具。多盏这样的灯具可以形成较强的光照；图6-18是使用织物包裹灯罩后形成的漫射照明。

图6-14　无罩直接照明

点评：多盏灯泡的组合与加长的电线，形成了一组充满情趣的照明。但直射的光源容易产生眩光。

图6-15　有罩直接照明

点评：表面黑色、内部白色的灯罩，遮挡了所有光源，这样可以提高餐桌上的亮度。

图6-16　间接照明

点评：不透明的白色灯罩遮挡了照明器具，形成了柔和的光照，可以起到烘托空间气氛的作用。

图6-17　漫射照明

点评：白色半透的有机玻璃被设计师设计成多面的几何体，多盏相同灯具的组合使空间有足够的照明，同时灯具的形态也为空间增添了现代感。

点评：薄纱包裹的灯罩，光源隐约可见，为这个空间增添了浪漫、温馨的气氛。

图6-18　漫射照明

4．半间接照明

半间接照明是指把半透明的灯罩装在灯泡下部，向上的光线照射顶棚，向下的光线经灯罩向下扩散。光源60%～90%的直接光线首先照射在墙面和顶棚上，只有10%～40%的光线被反射到被照物体上，如图6-19所示。与半直接照明相反，这种方式能产生比较特殊的光照效果，使低矮的房间有增高的感觉，也适用于住宅中的小空间部分，如门厅、过道等。

点评：加厚的玻璃灯罩，使光源先是投射到天花，再反射到室内，这样可以形成柔和的光照。

图6-19　半间接照明

5．半直接照明

半直接照明也是照明器具用半透明灯罩罩在上部，光源60%～90%的光量直接投射到被照物上，而10%～40%的光量投射到其他物体上，如图6-20所示。一般吊灯、壁灯等是这种照明方式。由于部分光线经过半透明的灯罩向上漫射，其光线比较柔和。商场、办公室、居室常采用这种照明方式。

图6-20　半直接照明

点评：白色半透明的灯罩使部分光源投射到屋顶，而大部分的光线则直射到桌面，这样提高了空间的整体亮度。

眩光：发光源或被照物体的光直射人的眼睛使人感到刺眼，这种情况称之为眩光。例如，直视不带灯罩的电灯泡或太阳就会产生眩光。室内的照明设计要避免产生这种情况，例如，选择表面亮度较低的灯具，或利用光学材料扩大光源的表面积，从而可达到降低表面亮度的目的；采用磨砂玻璃、乳白玻璃灯具也可以使光线变得柔和。另外，改变光线的照射方式，使光线不直接射人的眼睛，也能避免眩光。

6.3 照明形式与照明种类

利用照明器具结合吊顶可以设计出丰富多彩的室内光照环境。例如，会议室的发光顶棚、歌舞厅的光带，都为空间营造出各具特色的空间气氛。

大多数室内空间都会由基础照明和重点照明组成，有些空间还有装饰照明和艺术照明。

6.3.1 照明形式

常用的照明形式分为以下六种。

1．发光顶棚照明

发光顶棚照明是指天花利用乳白色玻璃、磨砂玻璃、晶体玻璃、遮光格栅等透明或半透明漫射材料做成吊顶，在吊顶内安装灯具。当灯光齐明时，整个天花通明，犹如水晶宫一般。除此之外还可以将发光顶棚组合成几何纹样，形成韵律感很强的发光顶棚。

发光顶棚常用于会议室、会客厅、商场等场所。例如，公共空间的吊顶采用发光顶棚设计，光线柔和且与其设计风格相呼应。图6-21所示为点状圆形的发光顶棚设计。如果用金属格栅代替半透明的漫射板吊顶，就可以构成另一种形式的发光顶棚，也称格栅天棚，格栅与灯管垂直。在楼板下采用大格吊板的，光源嵌在格板内，这样既可避免眩光又有美化环境的作用，如图6-22所示。

图6-21 走廊

点评：以点布局的圆形发光灯具，使走廊的照明亲切柔和，同时令冗长的走廊充满情趣，也活跃了空间气氛。

图6-22 办公室

点评：方形布局的发光顶棚，加强了这一区域亮度，同时也凸显了办公空间的严谨与庄重。

2．光梁、光带

光梁是指将顶棚用半透明材料设计成向下凸出的梁状，内置灯具，便成为光梁，如图6-23所示。光梁不仅起到光照的作用，同时也形成了走道的序列空间。

光带是指将半透明漫射材料与顶棚拼成带状，如图6-24所示。光带也暗示了空间的行走路线。

利用光梁或光带的不同排列、组合，可以形成意想不到的艺术效果。这种照明的布置方式大多用在公共空间，如办公大厦、会议厅、营业厅等。

3．光檐

光檐又称暗槽，是将光源隐藏于室内四周墙与顶的交界处，通过顶棚和墙反射出来光线。按照方式来讲，光檐也是一种间接照明。如图6-25所示，艺术展览馆为了能很好地展示绘画作品，采用了这种照明形式。

图6-23 走道

点评：长长的走道被一个个下沉的光梁划分，减弱了空间的狭长感。

图6-24 卖场走道

点评：卖场顶棚被设计成自由曲线的明亮的光带，不仅让空间有足够的亮度，同时也增加了空间的艺术气息。

图6-25 绘画作品展厅

点评：绘画作品展厅采用隐蔽的照明设计，便于参观者欣赏绘画作品。

4．内嵌式照明

内嵌式照明是将直射照明灯具嵌入顶棚内，灯檐与吊顶平面对齐。在宾馆餐厅、酒吧间常采用点光源直射照明灯具嵌入顶棚内以增强局部照明或烘托气氛。这种照明方式多用于顶棚色调较暗的室内，犹如天花板出现灿烂群星。在餐厅、舞厅四周下垂的顶棚上，就常嵌有这种灯具。如图6-26所示，嵌入式的筒灯直接照射到墙上的艺术品，可以引起人对艺术品的注意。

点评：利用嵌入式的照明，既突出了墙面的艺术品，同时也比安置在顶棚外露的灯具美观。

图6-26　餐厅艺术墙

5．网状系统照明

网状系统照明是指灯具与顶棚布置成有规律的图案或利用镜面玻璃、镀铬、镀钛构件组成各种格调的灯群，是室内的重要照明。这种照明方式常出现在大型的空间中，主要是为了体现建筑物的华丽，多用于宾馆、酒楼。如图6-27所示的餐厅，其天花板便利用重复题材的灯具，给空间增添了奢华的氛围。

6．图案化装饰照明

图案化装饰照明是指一种用特种耐用微型灯泡制成的软式线形灯饰，又称串灯组。这一类型的串灯柔软、光色柔和艳丽、绝缘性能好、节能、防水、防热、耐寒、安装简易且易于维修，因其可塑性强，可以制作成各式图案或文字。若与控制器配合，可出现灯光闪烁、追逐等特殊灯光效果。由于其灯光效果较弱，不具备照明功能，但添加得当可以提升整体的美观性。多适于为外部灯光造景、商业广告、宾馆、各种文化娱乐场所及旅游商业等做广告、标志、气氛点缀及渲染，如图6-28和图6-29所示。

图6-27　餐厅——网状照明

点评：一个个组合排列的灯具，与室内灰色的墙壁、墙壁上的绘画和光线呼应，让空间变得迷离而富有情调，这是一组将照明灯具更好地融入室内环境的设计，灯具自身带有的反射质感能够将周围环境光线处理得更加自然、灵动。

图6-28　餐厅——图案照明

图6-29　餐厅——图案照明

点评：设计师利用材质的转换，将相似形设计成玻璃发光地面。蓝色的地面灯光与同样是蓝色的天花照明相互辉映。

点评：地面的灯光通过控制，变换成了红色，为整个餐厅营造了独特的艺术效果。

6.3.2 照明种类

不管何种功能的室内空间都需要有满足人们活动的照明，只是因为功能的不同对于灯具与照明的要求有所区别。一般照明种类可以依据照明功能分成以下四种。

1．基础照明

基础照明又称整体照明，它是满足人们基本视觉要求的照明，使整个空间的任何地方都处在明亮的状态中。这种照明方式属于空间的基本照明方式，适用于教室、办公室等大多数公共场所。由于空间性质不同，照度要求也不同，像阅览室照度要求就高，走廊、过厅的照度要求就低些。图6-30所示为以发光顶棚作为基础照明的会客厅，图6-31所示为以发光顶棚作为照明的教室。

图6-30 会客厅

点评：作为基础照明的方形发光顶棚，让这一空间明亮整齐。

图6-31 教室

点评：作为学习用的教室，一般都会以发光顶棚作为室内的照明方式，这样既满足了室内的学习要求，又为空间营造了安静、整洁的气氛。

2．重点照明

重点照明又称局部照明，为了节约、合理使用能源，有些地方没必要整体照明，只在工作需要的地方或需要强调、引人注意的局部才布置的光源叫作重点照明。局部照明要根据室内要求的不同采用不同的局部照明形式，这样才能方便工作并配合室内气氛。例如，配有调光装置的床头灯、落地灯等。图6-32所示为没有基础照明的书房，只是在几处阅读区设置了重点照明。

图6-32　书房

点评：作为学习阅读的空间，需要满足人们看书、写字的要求，因此局部的亮度就非常重要。这个书房就以台灯和落地灯作为室内的照明，这既满足了阅读要求，也明确了区域功能。

3．装饰照明

装饰照明是指为美化和装饰某一特定空间而设置的照明。纯装饰为目的的照明不兼作一般照明和重点照明。这种形式的照明常利用不同的灯具、不同的投光角度和不同的光色，制造出一种特定空间气氛的照明。如图6-33所示的餐厅内墙面局部的镂空花纹，由内部灯具的光源照射使花纹清晰可见。

4．特种照明

特种照明是指用于指示、应急、警卫、引导人流或注明房间功能、分区的照明。广告灯箱也常被认为是特种照明的一种。

图6-33 餐厅墙面

点评：内置光源使镂空墙面设计增加了空间神秘、变幻的气氛。

6.4 室内照明设计的原则

照明除了满足人们对光线的要求，同时也增强了室内的空间效果和装饰效果，起到了烘托气氛的作用。首先应按照空间的大小、功能来设计不同的照明，使人们的工作、生活、学习能舒适、自如地进行；同时应使光的照射形成的光影很好地表现空间轮廓、层次造型、室内陈设的立体效果。灯具本身就是一件艺术品，设计师要充分注意和表现灯饰的艺术效果。此外，灯具的安装和亮度要科学，避免直射人眼，注意节约用电。安全性也是室内照明需要注意的方面。由此，可以将室内照明的设计原则归纳为四方面。

6.4.1 功能性原则

灯光照明设计必须符合空间功能的要求，根据不同的空间、不同的场合、不同的对象选择不同的照明方式和灯具，并保证恰当的照度和亮度。例如，住宅的卧室要选择暖光源，以营造温馨、舒适的氛围，如图6-34所示；对于书房的照明设计则不仅要注意基础照明，而且还要有书桌或阅读区的重点照明，如图6-35所示。

图6-34　卧室

点评：卧室是人们休息、睡眠之所，合理配置灯光可以增加卧室的舒适感。这间新中式风格的卧室，以隐藏式的发光顶棚、嵌入式的点光源和中式风格的台灯勾勒出高雅、惬意的卧室空间。

图6-35　书房

点评：桌上的台灯为主人书写、读书提供了最佳的照明。

6.4.2 美观性原则

灯光照明是装饰美化环境和创造艺术气氛的重要手段。灯具不仅起到了保证照明的作用，而且十分讲究其造型、材料、色彩、比例和尺度，灯具已成为室内空间的不可缺少的装饰品，如图6-36所示。结合基础照明对室内空间进行装饰，增加空间层次，渲染环境气氛，采用装饰照明，使用装饰灯具十分重要。在现代住宅建筑、公共建筑、商业建筑和娱乐性建筑的环境设计中，灯光照明更成为整体的一部分。灯光设计师通过灯光的明暗、隐现、抑扬、强弱等有节奏的控制，充分发挥灯光的作用，采用透射、反射、折射等多种手段，创造宁静、幽雅、怡情、浪漫、富丽堂皇、神秘莫测等艺术情调气氛，为人们的生活环境增添了丰富多彩的情趣。

图6-36　客厅局部

点评：圈椅、翘头柜、艺术台灯让客厅的一角成为人们的视觉中心。

6.4.3 经济性原则

灯光照明并不是以多为好，关键是要科学合理。灯光照明设计是为了满足人们视觉和审美心理的需要，使室内空间最大限度地体现实用价值和欣赏价值，并达到使用功能和审美功能的统一。华而不实的灯饰不仅不能锦上添花，反而画蛇添足，造成电力的消耗，能源的浪费，甚至还会造成光污染。

6.4.4 安全性原则

灯光照明设计要求绝对的安全可靠。由于照明来自电源，必须采取严格的防触电、防短路等安全措施，以避免意外事故的发生。

6.5 公共空间、居住空间的照明分析

公共空间与居住空间的功能不同，因此照明要求和设计方法也大不相同。设计师必须科学地配置光源，结合室内风格创造合理的室内光环境。

6.5.1 公共空间的照明分析

公共场所的照明是为人创造舒适的视觉环境。在公共建筑中，室内照明结合其他陈设起着控制整个室内空间气氛的作用。所以灯光设计不仅要充分考虑照明功能，还要重视整个室内空间气氛的整体把握。

1．楼梯照明

楼梯间是连接上下空间的主要通道，所以照明必须充足，平均照度不应低于100lx，光线要柔和，应注意避免产生眩光。如果有条件，楼梯的梯面也可安装低亮度的隐藏照明，这样会更安全。如图6-37所示的旋转楼梯逐阶设有灯光，不仅为楼梯提供了照明需要，也使整个环境和谐统一，且照度较低，避免了产生眩光，给人以舒适、安全的感觉。

图6-37　楼梯间

点评：每一级台阶的下面都设有光源，这样可以引起人们的注意，提高安全性。同时旋转的楼梯加上光影的效果，形成了富有韵律的空间。

2. 办公室照明

办公空间的最好照明形式是“发光顶棚”或发光带式照明。在办公室和绘图桌上还可添加局部照明。台灯或工作灯一般使用白炽灯，但一定要有遮挡的灯罩，要求均匀透光，以免引起视觉疲劳。如图6-38所示的办公空间就采用了发光顶棚的照明方式。

图6-38 办公室

点评：大型的公共办公空间必须要有足够的亮度来满足人员的工作要求。这间办公室就采用了照度及亮度较好的发光顶棚作为空间照明。简洁的顶棚和分布均匀的照明使整个空间明亮、宽敞。

3. 品牌商店照明

品牌商店照明应以吸引顾客、提高销售为标准。设计中要利用照明工具突出商品的优点和特点，以激发顾客的购买欲望。图6-39所示为新颖的灯具，让顾客流连忘返。不同的商品要求不同的照明形式。工艺品、珠宝、手表等，为了使商品光彩夺目，应采用高亮度照明。如图6-40所示的品牌手表店的封闭壁龛中的重点照明突出了商品。服装等商品要求照明接近于自然光，以便顾客清晰地识别商品的本来颜色。如图6-41所示的品牌服装店就采用了色彩还原性好的照明。肉类和某些食品最好用玫瑰色的照明，以便使这些食品的颜色更加新鲜。商店的照明为使空间开阔、大方、和谐统一，最好采用顶灯照明，还可以为柜台中和货架上的商品增加壁灯和射灯，柜台内也可安装荧光灯管，以便使商品更加醒目。

图6-39　品牌服装店

点评：服装店的照明既要强调实用性，还要注重艺术性，两者缺一不可。这间服装专卖店就以圆形造型作为店内灯具，并且添加墙面射灯，借用点光源和镜子的反射光线，既满足了空间照度，又为空间增添了情趣。

图6-40　手表专卖店

点评：手表店各个壁龛中的内嵌式照明，更加突显了每款手表的独特性。设计巧妙的壁龛结合了局部照明，似乎告诉人们每款手表的唯一性。

图6-41　品牌服装店

点评：为了不打破空间的整体设计，设计师将基础照明同建筑构件结合起来，重点照明也巧妙地配置其中，保证了室内的完整性，更突出了每一件服装。

4．餐厅、饭店的照明

餐厅、饭店的灯光要柔和，不能太亮，也不能太暗，室内平均照度50～80lx即可。照明方式可采用均匀漫射型或半间接型，餐厅中部可采用吊灯或发光顶棚的照明形式。设计者可以通过照明和室内色彩的综合设计创造出活跃、舒适的进餐环境。图6-42所示为酒店餐厅的照明设计，图6-43所示为酒店的包间照明设计。

图6-42　酒店餐厅

点评：发光的顶棚带状光源、圆柱上部的隐藏式照明以及点状光源共同营造了餐厅的奢华之感。

图6-43　酒店包间

点评：吊顶上的灯带、下沉的水晶灯，以及墙面与顶棚交界处的隐藏式照明，共同组成了餐厅包间的照明设计。

5．剧场的照明

剧场观众厅的照明方式多采用半直接型、半间接型和间接型照明，所用灯具多为吊灯、吸顶灯、槽灯和发光顶棚。照度要求80～100lx，能使观众看清节目单就可以了。台口两侧及顶部均应安装聚光灯，乐池中安装白炽灯。休息厅的照明灯多采用吊灯、吸顶灯、壁灯，照度达50～80lx即可。门厅多用吊灯、吸顶灯，因是人流通过地区，所以照度要求高。图6-44是剧场内部照明设计。

图6-44　剧场

点评：剧场的基础照明只要满足观看者能看清楚节目单即可，重点照明则应在剧场的演出区域。

6.5.2 居住空间的照明分析

随着人们生活水平的提高，对照明的要求也越来越讲究。居住空间只有基本照明已远远不能满足人们的要求。现在许多局部照明的灯具相继进入了人们的居室，如台灯、立灯、壁灯和投影灯等。多样的照明种类、丰富的照明形式组成了现代的家居环境。

1．空间照明分析

1) 起居室照明

在居住面积不大的住宅中，起居室既是日常活动的场所，又是会客厅。所以除去基本照明外，还需设置局部照明，如台灯、壁灯、落地灯等。除了为人们的各种活动照明外，还能以其独特的照明方式渲染室内的艺术气氛。起居室的照明应采用光线柔和的半直接型照明灯具。阅读和书写用的灯具功率可以大些。观看电视节目，则要求整个室内光线较暗，但又不能把灯全部关闭，否则眼睛很容易疲劳。

2) 卧室照明

卧室是休息和睡觉的房间，要求有较好的私密性。所以要求光线柔和，不应有任何强烈的光刺激，使人更容易进入睡眠状态，从而尽快地消除疲劳。照明形式应采用间接式或半间接式。基本照明应安置在天花正中，床头可安置壁灯或台灯。台灯应放置在床头柜上，床头两侧可以装射灯。

3) 厨房照明

厨房内不仅应有基本照明，还应该有局部照明。工作台面、备餐台、洗涤器和炉灶等都应有充分的照明。储藏柜里也应有照明，既方便又省电。厨房的灯具应能防水，且应造型简单，便于清洁。

4) 卫生间照明

卫生间可用吸顶灯或镜灯，应注意所有灯具必须防水。

不同功能房间的照度参见表6-1。

2．灯具安装标准

室内灯具都有一定的尺度要求和功率要求及安装标准，下面具体介绍各种灯具的安装标准。

1) 台灯

台灯一般用在办公室、书房、工作室、卧室和起居室。台灯的造型能对室内设计起到装饰的作用。台灯的照明要求不产生眩光，放置应稳妥、安全，开关要方便，绝缘性能要好。台灯可分大、中、小三种型号，分别用于不同的场合。表6-4所示为各种型号台灯的标准。

2) 壁灯

壁灯的规格多种多样，现归纳出一个常用数据，以供参考，见表6-5。

表6-4　台灯的使用规格

规格名称	高　度	直　径	功　率	
			白 炽 灯	荧 光 灯
大	500mm～700mm	350mm～450mm	60W、100W	6W、8W
中	400mm～550mm	300mm～350mm	40W、60W	6W
小	250mm～400mm	200mm～350mm	25W、40W	3W、6W

表6-5　壁灯的使用规格

规格名称	高　度	直　径	功　率		挑出距离
			白炽灯	荧光灯	
大	450mm～800mm	150mm～250mm	100W、150W	30W	95mm～400mm
小	275mm～450mm	110mm～130mm	40W、60W	6W、8W	95mm～400mm

3) 立灯

立灯又叫落地灯，主要用于起居室、客厅、书房，是在阅读、书写或会客时作局部照明。立灯多靠墙放置，或放在沙发侧后方。立灯在结构上要稳定，不怕轻微的碰撞。电线可长一些，以便于移动，还要求能根据使用的需要调节其高度和角度。立灯的常用规格数据见表6-6。

表6-6　立灯的使用规格

型号规格	高　度	直　径	功　率	
			白 炽 灯	荧 光 灯
大	1520mm～1850mm	400mm～500mm	100W、150W	8W
中	1400mm～1700mm	300mm～450mm	100W	6W、8W
小	1080mm～1400mm	250mm～400mm	60W、75W、100W	6W

4) 吸顶灯

吸顶灯的大小要根据空间的面积来确定。尺寸从300mm × 300mm到1000mm × 1000mm。吸顶灯的功率一般白炽灯是40W～150W，荧光灯是30W～40W。

5) 吊灯

吊灯使用的光源最大值为200W，一般多用40W～100W。一般30W或40W的荧光灯即可相当于150W的白炽灯。吊灯一般作为基本照明。在公共建筑中要注意灯具的安全，灯罩要防止爆裂或滑脱，大型吊灯最好能多用几根导线，以便控制一定数目的灯。如果不是重要场合，也可用荧光灯作吊灯，但一定要加灯罩，以免产生眩光。

1. 重点理解照度、色温、显色性的概念。
2. 简述照明的种类和布局方法。
3. 简述专卖店、餐厅的照明设计应该注意哪些问题。

根据本章所学要点，利用不同灯具、不同的照明方式，设计完成住宅各区域的照明设计。

第7章 室内陈设设计

学习要点及目标

(1) 理解室内陈设设计的作用。
(2) 掌握室内陈设设计的内容及具体使用方法。
(3) 通过对室内陈设设计的学习，培养学生在设计过程中对室内陈设的正确使用。

核心概念

室内陈设　家具　摆设　装饰织物　观赏品

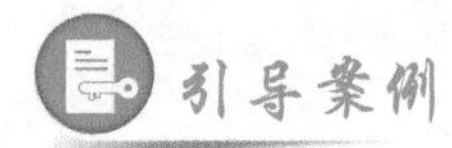

引导案例

别墅客厅

图7-1所示是上海某别墅的客厅设计。客厅中陈设品的配置，传达出主人的艺术品位与文化素养。客厅中木质装饰墙上的中国画、小型茶几上的印度艺术品、沙发上柔软的靠枕、具有异域风格的地毯、点缀其中的绿色植物，共同打造出别致、独特的空间气氛。陈设品是室内空间中不可或缺的组成部分，精心搭配的陈设品不仅可以丰富空间，还可以营造、表达空间主题，直接反映主人的修养与个性。

图7-1　别墅客厅

点评：室内陈设有很强的象征意义，就像图7-1所示客厅中的中国画、印度的艺术品都成为表达空间主题的重要手段。浅色沙发上的粉色、深色靠枕不仅在色彩上形成对比，同时也丰富了空间；几处绿色植物更为空间带来生机，也体现出了主人清新、淡雅的品位。

7.1 室内陈设设计概述

室内陈设是室内设计的重要组成部分，是人们在室内活动中的生活道具和精神食粮，是室内设计的延伸，也是室内环境的再创造。室内陈设的内容涉及家具、纺织品、日用品、工艺美术、绘画、书法、盆景艺术等很多领域。今天陈设品呈现出的无比丰富的新状态，离不开社会的发展与艺术的演变。

室内陈设不能脱离室内空间孤立存在，陈设品必须服从室内的整体风格，并且进一步明确室内环境特征。室内陈设可以使室内空间更加丰富多彩，同时也反映出使用者的品位与个性。

1．表现意境、强化风格

室内空间有不同的风格，在室内整体设计中，首先要立意，就是室内设计要表现一种什么样的情调，给人以何种体验和感受。要达到这个目的，除了装修手段外，陈设的作用是不可低估的。由于陈设的内容、形式、风格不同，会创造出意境各异的环境气氛。此外陈设品对室内环境的风格会进一步加强，其本身的图案、色彩、形态、质感都会呈现出不同民族、不同地域、不同文化的特征。图7-2所示的书房中的中式笔架、图7-3所示的卧室中梳妆镜前的折扇和枕形珠宝匣都强调了中式的室内风格；而图7-4所示的沙发、茶几和桌上的工艺品都极具波斯风情。

点评：青花瓷的笔架烘托出书房的中式风格，具有一定文化内涵的陈设品使人赏心悦目、陶冶情操。

图7-2　书房

图7-3 卧室

点评：折扇、枕形珠宝匣体现了女主人的爱好、兴趣与个性。这些陈设品已超越其本身的美学界限，赋予室内空间以精神价值。

图7-4 客厅局部

点评：陈设可以直接反映民族与地域特征。这一空间的所有元素，从沙发到茶几，再到工艺品都洋溢着浓郁的波斯风情。

2．反映使用者的兴趣、爱好与个性

在住宅建筑中，通过陈设的内容就可以表现出主人的性格、职业、爱好、学识修养和艺术素养。陈设品具有很强的情感倾向性，是表达个性的直接语言。如图7-5所示，抽象的艺术品加上简洁的现代家具仿佛告诉我们，这是现代人的居住空间。总之，不同的陈设可以反映不同个性的室内环境。

图7-5　娱乐空间视听背景墙

点评：极简风格的室内空间，常以抽象的艺术品布局空间。这一空间的两件作品，都以抽象的形式出现，一方一圆。只在色彩与材质上做了变化，但都体现了现代的室内风格。

3．丰富室内空间

造型独特的家具、精美的艺术品、柔软的织物、绿色的植物、流动的水体等陈设营造出二次空间，使空间层次更加丰富，贴近人的生活。例如，柔软的织物带给人温暖亲切的感受，观赏植物、插花使空间充满活力。

7.2 室内陈设的内容

室内陈设的内容丰富、种类繁多。几乎所有具有审美价值的物品都可以作为室内陈设品，日常的器皿、纪念品都属于陈设范畴。然而随着人们生活水平的不断变化，陈设品的内容逐渐增多，门类也越来越丰富。这里大致分为家具、织物、观赏品三个大类。

7.2.1 家具的陈设

家具是室内设计的重要组成部分，与室内环境构成一个有联系的整体。不仅具有良好的使用价值和审美价值，而且好的家具设计能更加突出室内环境设计的主题。如图7-6所示，一组极具民族特色的家具会给空间带来一股浓浓的民族之风。我们应当认真学习不同国家、不同民族和不同历史时期家具的传统特点和成就，认真掌握有关的理论知识，提高艺术修养，熟练运用设计技巧，准确表达设计的意图。设计中还必须掌握各种使用功能的要求及人体工程学在家具中的应用。在实际制作过程中，要不断熟悉新材料、掌握新技术、总结新经验，在技术上精益求精，设计出优秀的家具。

图7-6 客厅

点评：熟悉的民族花布罩面沙发，五彩斑斓的色彩搭配，让整个空间洋溢着民族气息。

家具部分参见第5章。

7.2.2 装饰织物的设计

在现代室内设计环境中，织物使用的多少，已成为衡量室内环境装饰水平的重要标志之一。与木质、玻璃、金属这些装饰材料相比，织物的质感要柔软得多，它带给人们亲切和温暖的感觉。同时，由于织物的色彩、图案、质感的多样化，它赋予了空间变幻无穷的视觉效果。织物的选择要根据室内整体艺术效果而定，要与墙面的色彩相协调，纹样的尺度要与空间的尺度相适应。它们的作用在于调整室内的色彩、补充室内图案的不足，从而起到调整室内艺术气氛的作用。其次是配合家具使用，起到分隔空间和组织室内空间的作用。选用装饰织物应注意在同一室内所选择的织物在图案和色彩上不宜过多、过杂，以免令人烦躁。室内装饰织物主要包括地毯、草垫、窗帘、帷幔、靠垫、床单、桌布和家具蒙面等。

1. 地毯

地毯质地柔软、富有弹性、触觉良好、安全舒适、保暖吸音，是厅室内良好的铺地织物。同时地毯还有很强的区域限定性，具有引导人流的作用。

地毯可以采用满铺和局部铺设两种形式。铺设地毯应与室内陈设构图一致，以不破坏整体艺术效果并能烘托空间气氛为原则。能起到为家具和陈设物衬托的作用，使家具及陈设形成统一体，并构成虚拟空间，成为室内完美的构图中心。如图7-7所示，地毯的色彩应与空间的色调相匹配。地毯的艺术效果不仅取决于其自身的色彩和图案，而且取决于它和家具、陈设之间的综合谐调。如图7-8所示的书房，整体空间属于古典欧式风格，地毯的选择就应与整体风格相谐调。

图7-7 客厅

图7-8 书房

点评：欧式风格的书房再配上一块具有欧式特色的地毯，人们仿佛走进了18世纪。

地毯的色彩不宜杂、花，构图应力求平稳大方，色彩宜淡雅，常用色调一般为中性色调偏灰为主，明度偏低。要符合人们的审美心理，如果家具是浅素色，地毯则可以花些，如图7-9所示。在大厅里常用宽边地毯以增强区域感，在卧室则可利用四方连续地毯，在门厅、走廊常用单色或条状地毯。

点评：蓝色花地毯正好衬托出白色描金的欧式家具。

图7-9　卧房一角

除了地毯外，还可以铺草编，或者是鹅卵石拼铺，其民间味道浓厚，装饰性强。如图7-10所示的地毯，把自然界的物质重新排列组合形成新的地毯形式，造就了不同的视觉效果。

图7-10　客厅

点评：通过鹅卵石的堆积，组成独特的地毯形式，给素雅的会客空间带来一丝生机。

2．窗帘、帷幔

窗帘、帷幔具有分隔空间、避免干扰和调节光线的作用，并且冬天保暖、夏天遮阳。从室内装饰效果看，窗帘、帷幔可以丰富室内空间构图，增加室内艺术气氛。如图7-11所示，公共空间的窗帘既遮挡了阳光，又丰富了空间层次；如图7-12所示，床上的帷幔营造出私密的睡眠空间。

图7-11 公共空间休息大厅

点评：公共空间的窗帘应简洁、大方，且以暖调为宜。

图7-12 卧房

点评：白色为基调、带有粉色线条的帷幔，明确了室内的睡眠区域，塑造出温馨的睡眠环境。

窗帘的遮挡作用，根据使用目的主要表现为两方面：一种是私密性要求较强的室内空间，需要全面遮挡视线，使眼睛看不到室内的事物和活动，这种窗帘一般适于采用有一定厚度的不透明织物制作；另一种是为遮光目的而设的窗帘，不要求遮挡视线，常常选用浅色的轻质薄纱材料制作，这种窗帘既有装饰性，又有良好的透气性能，有利于室内的采光和通风。用于隔音目的的窗帘要用厚实的织物来制作，要有足够的长度，皱褶以多为好，这样可以提高吸声效果；而住宅中窗帘既要满足遮挡光线、防尘、隔音的要求，还要能保证私密性，因此常使用两层窗帘，一层为纱帘，一层为厚质窗帘。

在室内织物中窗帘的面积往往很大，而且与人的视线直接接触，其设计的要求就应当从与墙面的整体关系考虑。一般情况窗帘使用应与墙面有联系，不宜过分对比，以免造成色调杂乱。通常的做法是墙面如果是暖色调时，窗帘也应是暖色调；若墙面是冷色调时，窗帘也应是冷色调。当然，如果窗子的面积较小时是可以例外的，随着季节的变化也可以调节窗帘的颜色。再就是窗帘的图案，一般要注意它的装饰结构和窗子的关系。窗的大小和长宽比对它具有直接影响。通常的做法是：小窗子宜用小图案，大窗子宜用大图案；竖向窗子宜用横向结构的图案，横向窗宜用竖向图案。

我们设计中常用的窗帘大体上有四类。

(1) 纱帘：可以减弱进光亮度、阻隔视线。它可以调节室内的明暗对比，使气氛柔和含蓄，从而产生一种温暖、亲切的感觉。

(2) 绸帘：华贵，光泽度好。

(3) 呢帘：保温、隔音、色彩稳重，一般挂在最里层，可以同纱帘、绸帘在质感上形成对比，而且大块的色彩使室内气氛更加统一、和谐，同时也是家具等陈设物的理想的背景。

(4) 竹帘、软百叶：开启方便，调节光线。软百叶有用木片制作的，也有用塑料片或金属片制作的。其特点是开启方便，可调节角度，改变室内的通光量。

3．家具蒙面织物

家具的蒙面织物与家具造型有着密切的关系。它的质地和色彩既要与家具的整体造型相谐调，又要与墙面、地面及地毯的色彩相谐调。蒙面织物要厚实、坚韧、有良好的触感。近年来，家具蒙面的面料多倾向于有明显织纹的各式毛呢或化纤混纺织物，有些特定场合的重要家具，可以根据其艺术要求采用粗纹花呢来定做。从装饰效果上看，织纹粗犷、材质柔韧、色彩素雅的沙发呢是较为理想的，粗犷的织纹和光洁的木结构形成鲜明的对比，能增加家具的艺术效果。蒙面织物的纹样应有助于家具风格的体现。为了丰富家具的艺术效果，还可以在靠背上专门设计纹样，但要注意纹样尺度不宜过大。

4．靠垫与椅垫

靠垫是沙发的附加物，它既可以使沙发更符合人的生理曲线，又可以起到装饰作用。它的颜色可根据需要形成多种变化。靠垫的作用主要是借助对比的效果，使家具的艺术效果更加丰富。其形状多为方形或圆形，所以选用的纹样也是多种多样的，既可以具有现代装饰特点的几何纹样，也可以有传统的织锦纹样，如图7-13所示。靠垫与椅垫的选择常用的对比手法有以下几种。

图7-13　靠垫

点评：如图7-13所示，是选用了传统图案作为装饰纹样的靠垫，将不同颜色、不同纹样但是是同一类型的靠垫叠放在一起，可以起到丰富沙发的效果。

(1) 质感对比：靠垫所用材料与沙发材料形成对比，如图7-14所示。

图7-14　沙发靠垫(1)

点评：皮质沙发与几何柔软的靠垫形成质感对比。

(2) 对比色：靠垫选用的颜色应是沙发的对比色，如图7-15所示。

图7-15　沙发靠垫(2)

点评：浅灰色的沙发罩面与红色的靠垫形成了鲜明的色彩对比。

(3) 花色对比：靠垫所选用图案往往比沙发所用图案纹样要大，椅垫图案则应该适中，与椅子造型相统一。

5．陈设覆盖织物

陈设覆盖织物主要用来陪衬家具以增添其艺术效果，因此其质地和花色应以不掩盖家具本身所具有的装饰美为原则。在同一个空间内覆盖织物花色不宜过多，尤忌五光十色，以致破坏室内的气氛。总之，覆盖织物的形式和风格应服从室内的总体效果。陈设覆盖织物常见的有沙发披巾，桌、柜、台厨上的台布，钢琴上的罩毯，电视机和音响设备上的罩毯和床上的罩单等。

1) 沙发披巾

沙发披巾的作用是使沙发和人头部以及手经常接触的部位不受污损。沙发披巾以简洁、大方的几何纹样为好，花纹要疏密有致，不要铺满。其尺寸也不宜过大，以免覆盖面过大而掩盖家具的造型美。

2) 台面铺盖

台面铺盖除了用较高级的毛呢外，一般可采用一些具有民族特色的织物，如果运用得当，可以取得很好的装饰效果。

3) 床上罩单

床在卧室中占有最重要的地位，而且面积较大。所以选择好的覆盖织物，对室内陈设的影响很大。其用料可以是布、丝绸，也可以是混纺毛呢或绒毯。由于它的覆盖面积大，所以纹样和色彩宜素雅。如果室内效果过于朴素，也可选用花色丰富的床罩来调剂室内气氛。

6．装饰织物、壁挂

壁挂是以软质材料构成，可使人感到亲切。它在与人接触的地方，有舒适的触感，即使在人不易接触、抚摸的地方，也会使人感到温暖和高贵。壁挂是把柔软与美高度结合的室内装饰物。

织物与室内环境的关系可以从以下几方面表现出来，如表7-1～表7-3所示。此外织物设计要服从室内陈设的总体设计，从表7-4可以看出室内织物与家具的关系。

表7-1　织物与室内单调、复杂环境的关系

室内环境	织物设计要求	表现手段
复杂环境	统一单纯	造型统一、纹样统一、色彩统一、风格统一
单调环境	变化丰富	纹样活泼、色彩对比、质地对比、造型多样

表7-2　织物图案与室内空间尺度关系

室内环境	织物设计要求	表现手段
高大室内	大纹样	质地粗犷、色彩比较强烈
矮小室内	小纹样	质地细致、色彩含蓄

表7-3　织物图案与天花、墙面颜色关系

室内环境	织物设计要求	天花、墙面颜色
高大室内	图案横条状、大纹样、质地可粗犷	深色天花板、浅色墙面
矮小室内	图案竖条状、小纹样、质地细腻	亮色天花板、浅色墙面

表7-4　室内织物与家具的关系

举　例	地　毯	家具蒙面面料	床　罩	窗　帘
深色仿明家具	中间灰色较浅、较沉着的重色为好	色彩应比家具颜色浅些、鲜艳些、暖些	素色、传统花色	传统花色、素色
光滑质地家具	可用长毛地毯与木质形成对比	质地宜粗，但要比地毯质地细	质细	质细

7.2.3 观赏品的陈设

室内观赏品的陈设形式分为两大类：一类是摆设类；另一类是悬挂类。观赏品的陈设不仅应着眼于观赏品本身的艺术价值，更应注意其在室内陈设艺术中的装饰作用。因此要重视它们与室内整体装饰风格的和谐，使其造型、色彩、质感等美的因素能与墙面、家具和帷幔等相互呼应。观赏品的陈设应做到少而精，要宁缺毋滥，不要一片珠光宝气，影响室内的和谐气氛。重点厅室的观赏艺术，要紧密地结合建筑的性质和厅室的主题内容。

观赏品的尺寸要与室内空间以及家具的尺寸相适应，不可过大或过小，安放位置也要便于人们观赏。

1．日用器皿

在陈设茶具、餐具和酒具等日用器皿时，应注意其色彩、质感与室内艺术格调的统一，摆设时应注意构图均匀。日用器皿种类繁多，切不可全部陈列于表面，应挑选精品陈设。陈设也不要过于分散，一般应以聚为主，聚中有分，分中有聚，使日用品的陈设富于艺术性。

图7-16所示的是餐具的陈设，图7-17所示的是茶具的陈设。

图7-16　餐桌的餐具

点评：小块的红色桌垫衬托出精致的青花盘，精心的陈设渲染着就餐气氛。

图7-17　客厅茶几上的茶具

点评：青花瓷的茶具与沙发的罩面和茶几的蒙面交相辉映。

2．雕塑和特艺品的摆设

1) 雕塑的陈设

雕塑的陈设应该考虑光线来源，如光线不足时，应配以灯光照明，以体现其优美而适度的光影变化，当然也要注意和室内艺术气氛的统一。雕塑多采用汉白玉、花岗岩、黄杨木、青铜或石膏。汉白玉洁白如雪、质地细腻，适合于制作感情含蓄、风格细腻的作品；其他风格各异的作品，可选用不同的材料制作。图7-18所示的是室内空间中的雕塑摆件。

图7-18　雕塑摆件

点评：深色的雕塑摆件，恰好与白色的墙面形成对比，更好地突出雕塑的曲线。

2) 特艺品的陈设

特艺品多是纯装饰品，造型精美，有很强的点缀空间的作用。选择特艺品时，可以选择人物，也可以选动物、山水、古玩和装饰性器皿，其材料多用玉石、象牙、雕漆、脱胎漆、景泰蓝、陶瓷、竹木、贝壳、丝绢以及贵重金属。古玩可分为两类：一类是造型优美，具有较高的艺术价值的古玩；另一类是本身造型不一定很美观，但具有较高的历史价值。

在室内适当地陈列些工艺品可对室内气氛起到画龙点睛的作用。陈设时应细致地考虑陈设位置、光照、背衬和质感，以充分发挥其点缀作用。图7-19所示是贝壳制成的墙面装饰。

3) 玩具的陈设

玩具是最具有生活气息的室内陈设品。玩具的造型大多惹人喜爱，极富有生活情趣。各地的玩具各有其不同的风格特点，例如江苏、河北的泥彩玩具，河南的点彩玩具，山东的彩绘木玩具，北京的布老虎等，这些都是物美价廉的室内陈设精品。其他现代玩具(如小模型等)都可作为室内装饰品，其陈设方式既可放置在架上，也可放在柜中，灵活摆设。

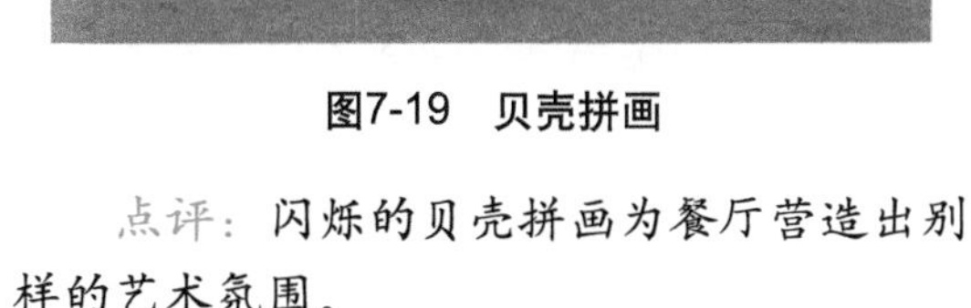

图7-19　贝壳拼画

点评：闪烁的贝壳拼画为餐厅营造出别样的艺术氛围。

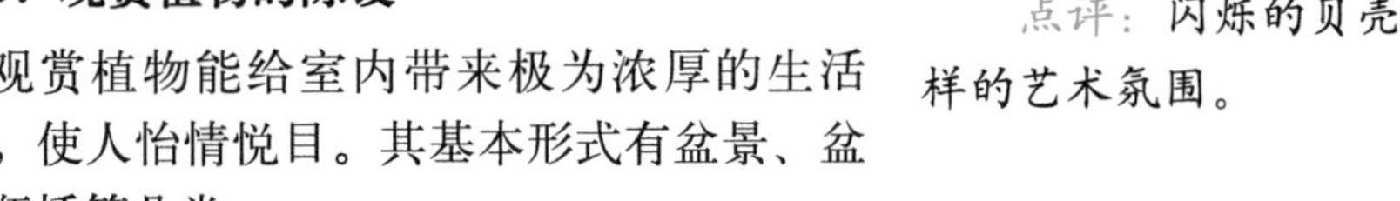

3．观赏植物的陈设

观赏植物能给室内带来极为浓厚的生活气息，使人怡情悦目。其基本形式有盆景、盆栽、瓶插等几类。

1) 盆景

盆景是我国独特的观赏植物的陈设艺术，它是一种经过加工的奇花异木，是一种令人情趣盎然的摆设艺术，它可以达到聚名山大川、鲜花幽草于一室的效果。盆景艺术贵在自然，小中见大，寓无限境界于有限的景物之中。盆景的构图要富于变化，使之参差不齐、生动活泼。切不可矫揉造作，显出人工雕琢的痕迹。

2) 盆栽

盆栽是室内装饰性观赏植物，常见的有龟背竹、吊兰、墨兰、文竹、青松、翠柏、碧桃、海棠、山茶、菊花、绣球、丁香、百合、红梅、兰花、水仙、睡莲、万年青、瓜叶菊等。盆栽可置于窗台、案头和花几之上，也可置于地面，或悬挂、缠绕于格架，有时还可组成一道低低的绿篱，或置于室内一角。

3) 瓶插

瓶插多适于插放一些枝茎较长的观赏植物。所用瓶宁瘦勿壮，宁小勿大。瓶插一般不成对放置，最好是单独一个放在茶几中央，或居于室内正中，或放在一角，并应考虑与之相映衬的光线或照明。若将瓶插置于镜前则花丛掩映，艳丽活泼，使室内生机盎然。如图7-20～图7-22所示，瓶插给单调的空间以生机活力。

图7-20　客厅一角

点评：墙角黄色的立式台灯，白色的瓷瓶配以植物，让现代简约的客厅充满活力。

图7-21　卫生间

点评：绿釉的陶瓷瓶，瓶中的粉色鲜花让卫生间香气满溢。

图7-22　客厅

点评：透明器皿中的插花，给客厅带来无限生机。

7.2.4 悬挂艺术品的壁面陈设

壁面悬挂艺术在室内设计中占有重要的位置，它对室内空间艺术气氛能起到画龙点睛的作用。它包括书法、绘画、挂屏、壁毯、壁饰和挂盘等，有的具有一定的主题内容，有的纯为装饰。要考虑壁挂与房间性质是否相称，是否与其他陈设谐调。壁挂的主要作用是对过于简素的墙面起装饰作用。如图7-23所示，客厅挂盘的悬挂让空间充满异域情调。

图7-23　客厅一角

点评：几个波斯图案的挂盘让客厅充满异域情调。

1．书画类

绘画主要包括中国画、油画、水粉画、版画、磨漆画等。画幅的尺度要根据房间的功能、大小需要来定。书法可以是手写的真迹，也可以是碑文的拓本；其形式可以是裱轴的，也可以是木刻填彩的；内容可选优美的诗句、名人名言或警句等，既可提高人们的修养，又可陶冶人们的情操。如图7-24所示，客厅中国画的悬挂给空间增添了艺术气息。

2．挂屏和壁饰

挂屏的种类很多，常见的有刺绣、木雕、漆雕、漆画、刻花填彩等；壁饰有壁毯、砖雕和陶瓷壁挂等。这些对室内壁面都能起到装饰作用，如图7-25所示的陶瓷挂屏。如图7-26所示的悬挂在会客间的鹿角，更是彰显了主人的另类爱好。

图7-24　客厅(1)

点评：沙发上方中国画的悬挂以及桌面上植物盆栽的摆放，都透出了主人的品位与爱好。

图7-25　客厅(2)

点评：陶瓷烧制的挂屏在色调上与室内色彩和谐统一，多种复古纹样的排列同时也散发着无穷的传统艺术气息。

图7-26　办公空间的会客室

点评：悬挂于深绿色壁纸上的鹿角，在灯光的照射下光影交错，给空间带来了几分神秘气氛。

7.2.5 其他各类陈设品

除上述各种陈设品外，还有其他各种种类繁多的工艺品可选作室内陈设品。例如，陶瓷挂盘、沥粉装饰画、檀香扇、风筝、皮影、草编等。它们都可根据房间不同、功能的要求而进行陈设设计。其陈设方法总的要求是：安放间接、明显，不要像个大杂货铺的货架，否则就失去装饰的意义了。

复习思考题

1. 室内陈设对室内环境的作用有哪些？
2. 室内陈设可分为哪几类？
3. 织物在室内空间中起到哪些作用？

课堂实训

结合室内陈设与环境的关系，设计起居室、餐厅、书房，要求每个空间的陈设不少于两类。

室内设计的方法与表现

学习要点及目标

(1)了解室内设计的各个阶段。

(2) 明确各个阶段的重点内容。

(3) 重点掌握透视原理，利用透视法则制作设计效果图(手绘和计算机辅助设计)。

核心概念

创意　草图　表　透视原理

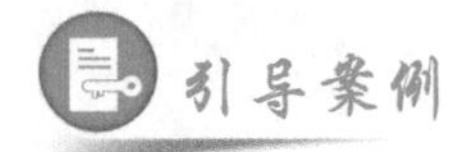

引导案例

云翔投资公司酒吧设计方案

设计师在形成整体构思后，以手绘的草图形式将构思过程直接反映在画纸上。草图中，包括室内透视图、界面立面图、平面布置图、天花布局图、结构详图，在图纸上还要标出所使用的材料。图8-1所示是云翔投资公司酒吧的部分草图。在方案确立后，设计师就可以利用手绘或计算机辅助设计画出最终效果图。图8-2所示为云翔投资公司的酒吧效果图。

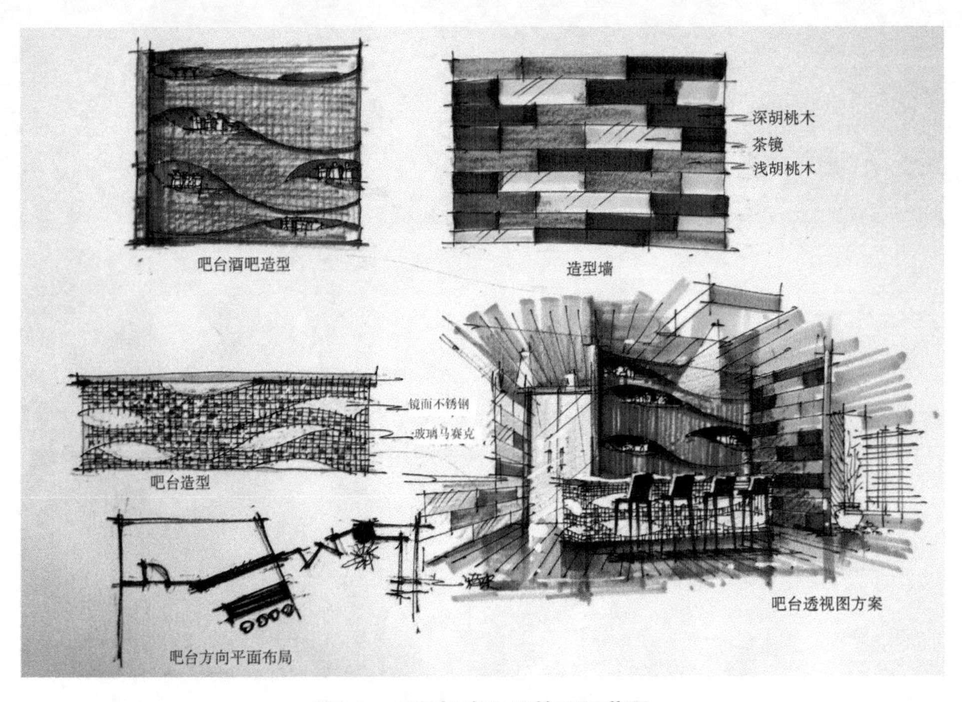

图8-1　云翔投资公司的酒吧草图

点评：设计师利用钢笔、彩色铅笔、马克笔等工具绘制出酒吧的平面图、透视图，酒柜立面图，隔断墙，吧台立面图。尽管是草图阶段，但设计师也要遵循室内的实际尺寸，不符合实际比例的效果图只能是纸上谈兵。

点评：利用计算机绘制的效果图，在尺寸上应该优于手绘的效果图。如今计算机功能越来越强大，效果更加逼真。

图8-2　云翔投资公司的酒吧效果图

创造是设计的本质，也是设计思维的原动力，而人的思维正是一切创造的源泉。设计的整个过程是设计师将各种细微的外界事物和感受，组织成明确的概念和艺术形式，进而呈现在人们面前。它构筑起满足人类情感和行为需求的物化世界。如图8-3～图8-12所示是云翔投资公司的部分室内空间设计方案。

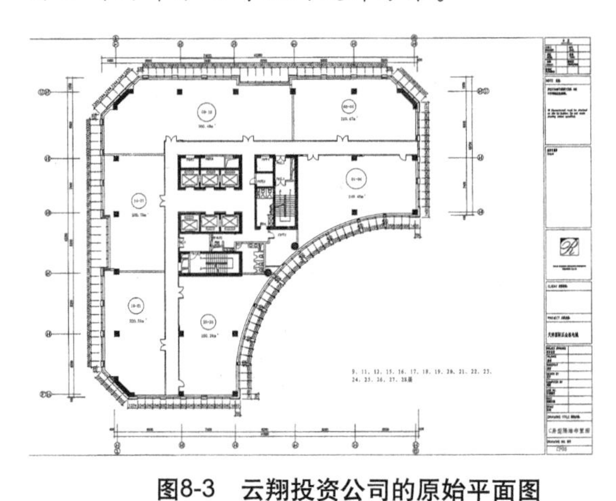

图8-3　云翔投资公司的原始平面图

点评：设计师可以借用原始平面图进行初步的构思设计。

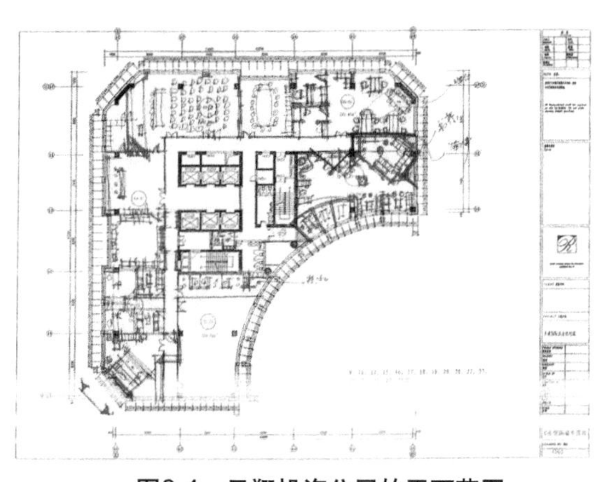

图8-4　云翔投资公司的平面草图

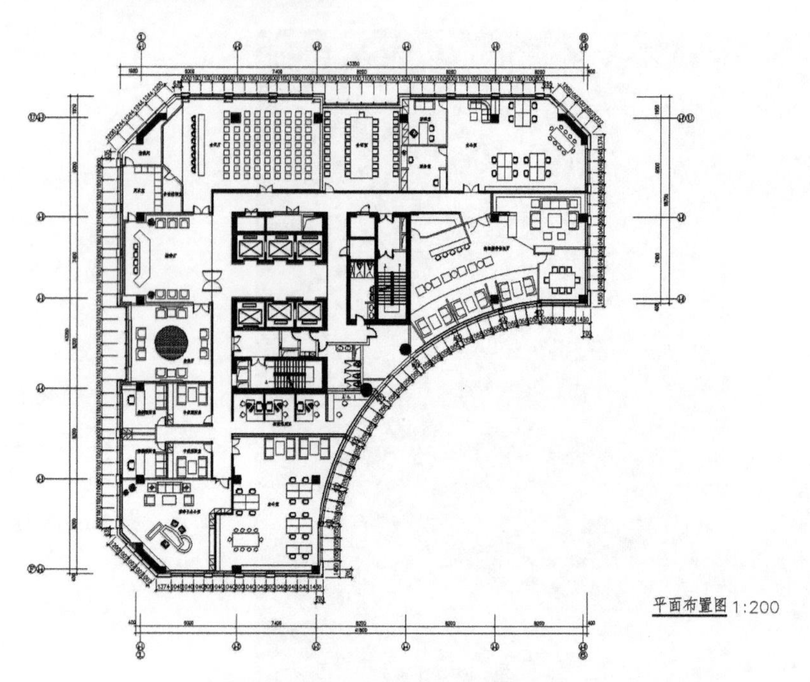

图8-5　云翔投资公司的平面布置图

点评：在以手绘方式对整体大空间进行布置后，就可以利用CAD软件绘制总体平面图。

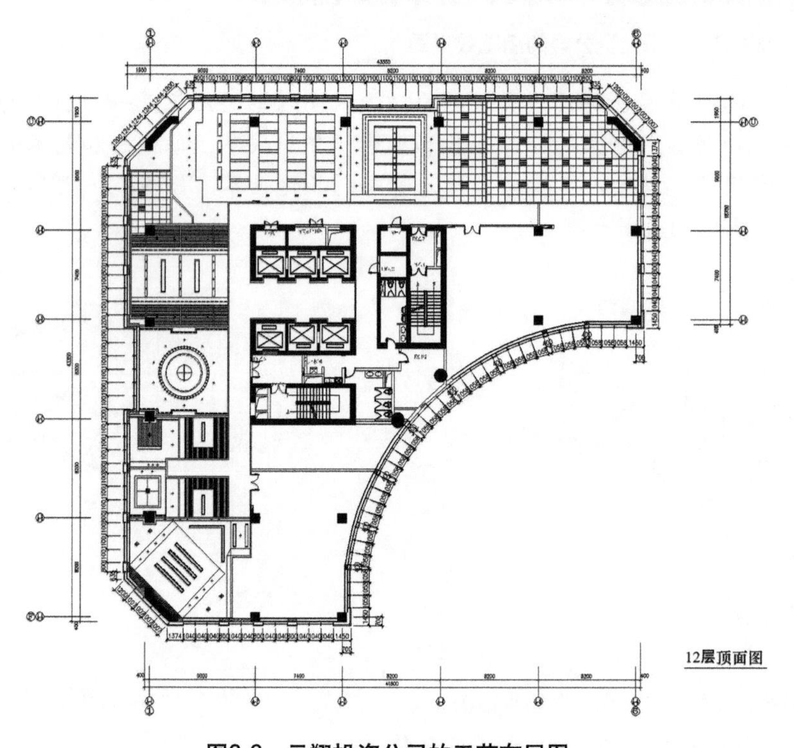

图8-6　云翔投资公司的天花布局图

点评：对应总体的平面布置图，设计天花布局。再结合室内照明设计方法，对各空间进行照明设计。

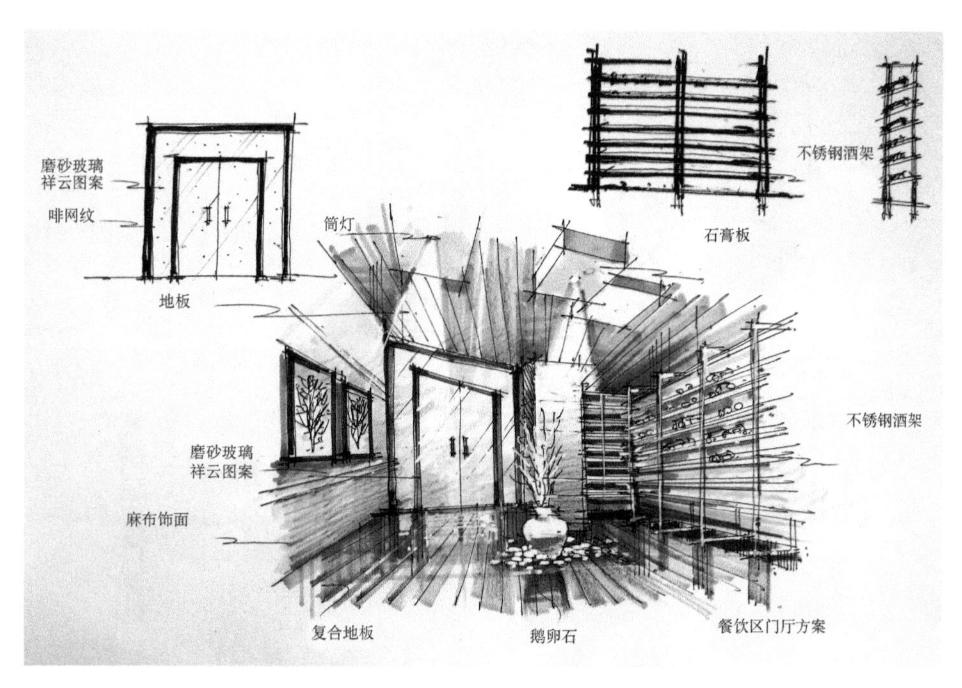

图8-7　云翔投资公司的餐饮空间入口草图

点评：作为大型公司中的餐饮空间，要简洁大方，避免华而不实。这个餐饮空间的入口设计就以理性的直线为主，体现了现代投资公司的工作节奏。

图8-8　云翔投资公司的餐饮空间入口效果图

点评：餐饮空间右侧的展架运用了工业材料——不锈钢，与地面的自然材料——木质材料形成了鲜明对比。玻璃门上自由曲线的祥云图案与室内的直线也形成了对比。

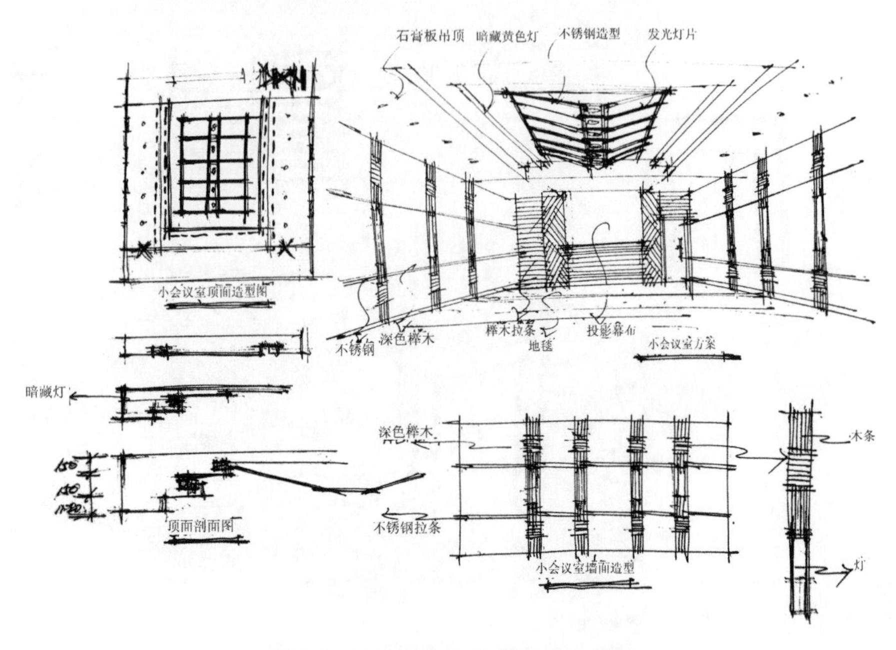

图8-9　云翔投资公司的会议室草图

点评：会议室的吊顶被设计成梯级，照明运用了最适合的发光顶棚照明形式，大大提高了空间照度。

图8-10　云翔投资公司的会议室效果图

点评：对于缺少自然光源的室内空间，必须借用人工照明提高空间亮度。这个会议室就设计了大型的发光顶棚，结合墙面的壁灯来改变空间的采光。地毯和壁纸的使用都给空间带来了温馨的感受，同时也起到了隔音与保温的作用。

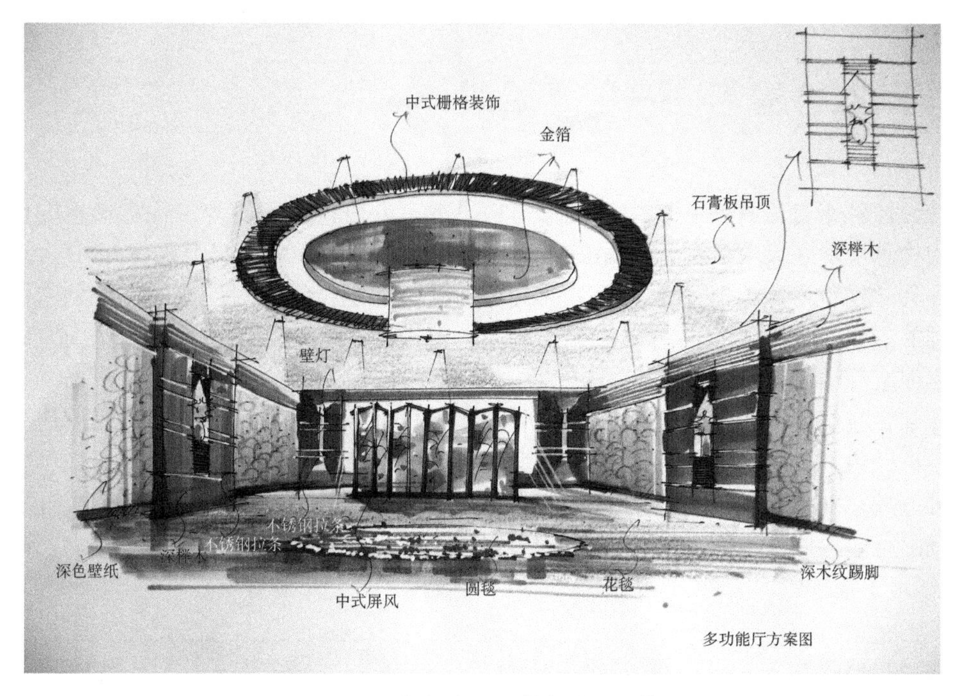

图8-11　云翔投资公司的多功能厅草图

点评：圆形的地毯与圆形的吊顶交相辉映，整个空间色调统一、和谐。

图8-12　云翔投资公司的多功能厅效果图

点评：多功能厅的照明以暖光源为主。温馨的木质与壁纸相结合，灰调的花纹地毯与圆形的暖调地毯都烘托出室内和谐、温馨的气氛。

8.1 概念与构思——创意阶段

一切设计都来自设计者头脑中的概念与构思，室内设计也不例外。视觉形象的创造借助设计师的构思呈现在大众面前。正如美国著名美学家、心理学家阿恩海姆(Rudolf Arnheim)所说的那样：“视觉形象永远不是对于感性材料的机械复制，而是对现实的一种创造性把握，它把握到的形象是含有丰富的想象性、创造性、敏锐性的美的形象”。作为室内空间设计，美的形象创造就体现在这立体的空间中。

设计师在进行室内设计时，对于每一个设计项目，都应在实地考察后进行创作。首先应在头脑中进行最初的构思，进而深化，初步确立方案的意向、立意构思。接下来利用草图的设计思维方式，对项目的功能、材料、风格进行综合分析。最后以手绘效果图或计算机辅助设计绘制出空间总体效果图以及施工图来展现。

8.2 构思方案——草图阶段

在特定室内项目的设计概念初步确立之后，概念设计阶段的草图就成了反映设计师创意的方法。它是设计者自我交流的产物，通过大量草图的创作，设计师可以进一步推敲自己的设计构思。室内空间的构思要从多方面入手，头脑中一闪而过、稍纵即逝的创意思想应迅速地落于纸上，再将所有的构思草图进行比对，找出最符合要求的构思。

在室内空间的整体设计中，设计师应注意结合建筑构件、界面、照明、陈设等元素把握总体艺术气氛，并从构图法则、意境联想、艺术风格、材料特征、装饰手法等方面展开思维。这一阶段的草图只要能表达设计师完整的空间信息即可，并不着眼于画面表现效果的好坏。

8.3 方案确立——设计表达阶段

方案确立后则是设计概念精确表达的过程。设计师要通过图形、文字(设计思想的阐述)，将创意严谨地呈现出来。如有问题，还需进一步校正设计概念。它也是设计概念思维的进一步深化。

这套方案图包括平面图、立面图、透视效果图以及施工图(构造样式、材料、搭配比例等)。平面图和立面图要绘制精确，符合国家制图规定，透视图要忠实于室内空间的真实情况。可以根据设计内容选择不同的表现技法(水彩、水粉、透明水色、马克笔等)。随着计算机辅助设计的广泛应用，制图部分基本已经完全代替了复杂的徒手绘制，而透视图效果图的计算机表现效果也越来越逼真。

方案确立后的设计表达阶段可以分成两个阶段：第一个阶段是方案图的绘制阶段；第二个阶段就是方案深化后的施工图阶段。

8.3.1 设计方案图阶段

设计方案图既是设计概念思维的进一步深化，又是设计表现的重要环节。设计创作最终要通过方案图的形式展现在委托方的面前，同时它也是投标的重要内容。设计方案图的表达既可以是手绘，也可以运用计算机辅助设计。作为学习阶段的方案图还是提倡手工绘制，通过大量的手绘训练，达到一定水平后，再运用计算机辅助设计必将在设计的表现中获得事半功倍的效果。一套完整的方案图应该包括平面图、立面图、透视效果图和设计说明。室内平面图则主要表现室内的划分以及家具、地面铺装、陈设在内的所有内容。有的室内平面图、立面图甚至包括材质和色彩。

8.3.2 方案深化后的施工图阶段

室内设计方案被采纳后就进入了施工图阶段。施工图是施工的唯一依据，因此施工图必须严格遵照国家有关的规定，不可随意改动。施工图是以材料结构体系和空间尺度体系为基础的。一套完整的施工图包括界面材料、设备位置、界面层次与材料构造、细部尺度与图案样式。

界面材料与设备位置主要表现在平面图和立面图中。它主要表现地面、墙面、顶棚的构造样式、材料分界与搭配比例。常用的比例尺为1：50，重点界面可放大到1：20或1：10。

界面层次与材料构造主要表现在剖面图中。剖面图应详细表现不同材料和材料与界面连接的构造，主要侧重于剖面线的尺度推敲与不同材料衔接的方式。常用的剖面比例为1：5。

细部尺度与图案样式主要表现在节点详图中。细部尺度多为不同界面转折和不同材料衔接过渡的构造表现。常用的节点详图比例为1：2或1：1。图案样式多为平面图和立面图的放样表现，自由曲线或图案需要加注坐标网格，可根据实际情况决定图案样式放样图的尺度比例。

8.4 透视原理

理解透视的原理有助于我们把握三维空间的视觉关系。最初研究透视是采取通过一块透明的平面去看景物的方法，将所见景物准确描画在这块平面上，即成该景物的透视图。透视分为一点透视、两点透视和多点透视三类。在效果图中，基本上多使用前两种透视方式。图8-13和图8-14所示为常用的一点透视和两点透视。

学习透视制图画法之前应先了解一些关于透视的基础术语。

- 视点EP(eye point)：人眼的观测点。
- 站点SP(standing point)：人在地面上的观测位置。
- 视高EH(eye high)：眼睛距离地面的高度。

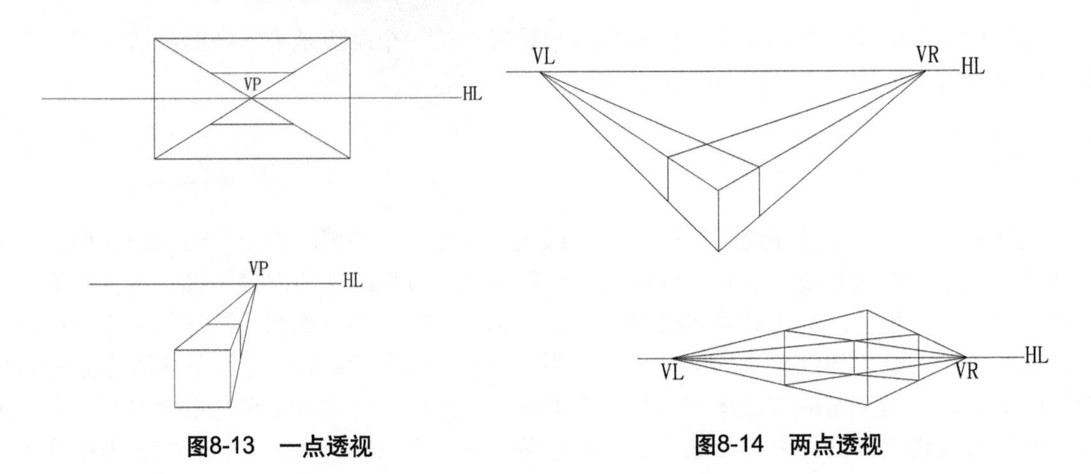

图8-13　一点透视　　　　图8-14　两点透视

- 基面GP(ground plane)：地面。
- 画面PP(picture plane)：假想的位于视线前方的作图面，画面垂直于基面。
- 基线GL(ground line)：基面和画面的交界线。
- 视平线HL(horizon line)：画面上与视点同一高度的一条线，也就是说此线高度等于视高。
- 视心CV(center of vision)：过视点向画面分垂线，交视平线上的一点。
- 中心视线CVR(center visual ray)：过视点向视心的射线。
- 灭点VP(vanishing point)：透视线的消失点，其位置在视平线上。一点透视的消失点称VP，两点透视的消失点称VL(左灭点)、VR(右灭点)，三点透视则增加一个位于视平线外的灭点。

8.4.1 一点透视

当物体三组棱线中的延长线有两组与画面平行，只有一组与画面相交时，其透视线便只有一个交点，所形成的透视便只有一个灭点，故称为一点透视。由于形体的一个表面与画面平等，故也称平行透视。一点透视多用于画街道、室内等的透视。下面就一点透视的室内空间(见图8-15)为例，讲授一下一点透视的画法。

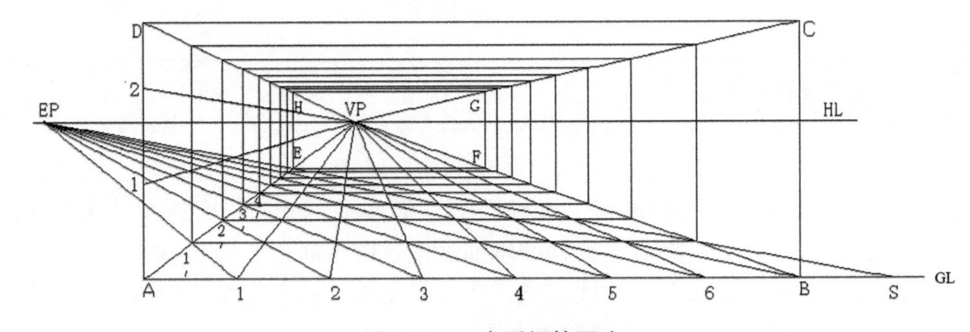

图8-15　一点透视的画法

具体步骤如下。

(1) 根据实际尺寸，按比例画出视平面ABCD，并延长AB作为基线GL，同时在GL上标出尺寸点。

(2) 根据比例定出视高EH，并过EH作基线AB的平行线，则此线为视平线HL。

(3) 在视平线上，视平面内定出灭点VP，然后过VP点分别连接点A、B、C、D，便得到四个墙角线的透视线。

(4) 在视平线上，视平面外任意定一视点EP。

(5) 按比例在基线上量出房间里的进深S，然后连接EP点和进深点S，交AVP于一点E，过E点分别作高线AD、基线AB的平行线，分别交线BVP、DVP于点F、H，过H点作顶线DC的平行线，过点F作高线BC的平行线，两平行线交CVP于一点G，则EFGH为房间最远的进深平面。

(6) 从A点开始依次量取房间1米进深点、2米进深点、3米进深点、4米进深点……然后过视点EP分别连接1、2、3、4……交AVP于点1′、2′、3′、4′……再过点1′、2′、3′、4′……分别作高线和基线的平行线，得到与BVP、DVP的交点，再过这些交点作高线和基线的平行线，便可得到房间中1米、2米、3米、4米……的进深面。

(7) 过灭点VP连接1米、2米、3米、4米……点，便可得房间中的1米、2米、3米、4米……的宽度透视线。

(8) 从A点开始，在高线AD上分别截取房间高度的1米点、2米点、3米点……过这些点联结灭点VP，便可得到房间的1米、2米、3米……点的房高透视线。

8.4.2 两点透视

当物体三组棱线的延长线中有两组与画面相交时，其透视线便有两个灭点，因此称两点透视。两点透视的形成主要是因为物体的主面与画面有一个角度，因而也称成角透视。两点透视是在透视制图中用途最普遍的一种作图方法，它常用在室内、室外、单体家具、展示、展览厅等场所的效果图绘制中，其透视成图效果真实感强。下面就两点透视的室内空间(见图8-16)，讲授一下两点透视的画法。

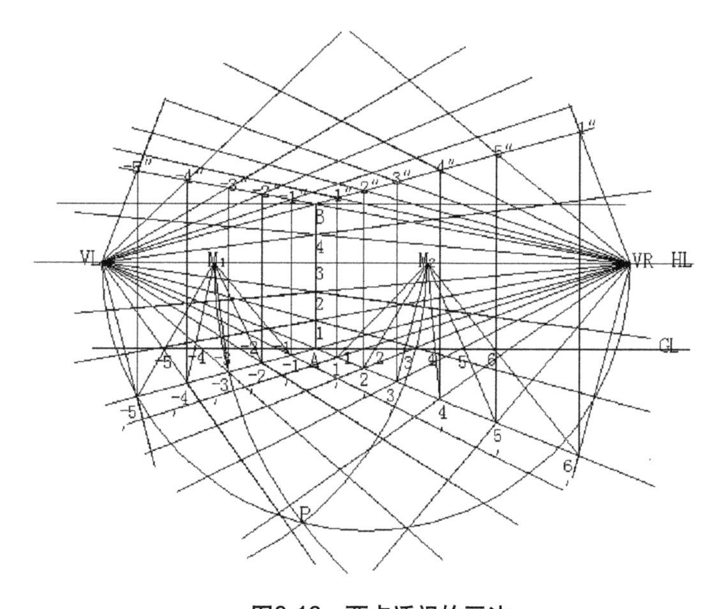

图8-16 两点透视的画法

具体步骤如下。

(1) 根据实际尺寸，按比例作出房间一角的高度AB，过点A、B分别作AB的垂直线。其中过点A的垂直线为基线GL，并在基线上标出比例尺寸数字，点A右边为正，左边为负。

(2) 按比例作出视高EH，并过视高EH作AB的垂直线为视平线HL。

(3) 在AB的两边、HL上任取两点VL、VR作为左、右灭点，过点VL分别连接点A、B并延长，再过点VR分别联结点A、B并延长，即可得到过点A、B的房间四边角线的透视线。

(4) 以左、右两灭点的距离为直径画圆弧并在圆弧上任取一点P，再分别以VL、VR为圆心，以VLP、VRP为半径画圆弧，交视平线HL于点M1、M2，则M1、M2为测点。

(5) 过点M_1分别连接基线上的尺寸数字点-1、-2、-3、-4……并延长，交VRA的延长线于点-1、-2、-3、-4……再过灭点VL分别连接点-1、-2、-3、-4……并延长，即可得到尺寸数字点-1、-2、-3、-4……的进深线。

(6) 同理，也可作出右边尺寸数字1、2、3、4……的进深线。

(7) 过点-1、-2、-3、-4……与点1、2、3、4……分别作AB的平行线，交VRB的延长线于点-1″、-2″、-3″、-4″……，交VLB的延长线于点1″、2″、3″、4″……然后再过点VL分别与点-1″、-2″、-3″、-4″……连接并延长，过点VR分别与点1″、2″、3″、4″……连接并延长，即可得到房间天花顶的进深线。

(8) 在房间高度AB上标出尺寸，再过灭点VL、VR分别与高度尺寸相连接并延长，可得房间高度透视线。

8.4.3 透视原理的应用

掌握了透视的画法，我们就可以利用这套方法完成由平面图向效果图的转化。通过一定的尺规作图，可以帮助我们很好地控制图面中有关空间比例、尺度、透视等方面的问题。

1．一点透视原理的具体应用

以一间卧房的平面图为例，分别使用一点、两点透视画法，完成效果图的起形线图部分。初学者可以通过过程实例，体会两种透视原理的具体应用。图8-17和图8-18所示分别是案例平面图的尺寸、布局。

(1) 这是一间宽度为3米、长度为4米的卧室设计，一般效果图选择站在门口看向窗的位置，这个房间的高度是2.7米。有了这3个数据，就可以开始绘图了。先在纸上按比例绘制一个3米×2.7米的墙面，如图8-19所示。

(2) 在1.6米的位置绘制一条视平线，如图8-20所示。

(3) 在视平线上标出灭点VP，将墙下的线延长，按比例绘出4米后，再多绘出1米，如图8-21所示。

(4) 由灭点向墙面四角连接成线，并延长射线长度，如图8-22所示。

(5) 由S点向G点连接射线，并与右下角斜向透视线相交，通过该交点做平行于视平线的直线，完成房间进深长度4米的确定，如图8-23所示。

(6) 从底边横线与两条斜向透视线相交的交点向上作垂线，再连接垂线相交上方斜向透视线的两个交点，形成一个方形，如图8-24所示。整个画面横向五条线应相互平行，竖向四条线也应相互平行，横竖线为垂直关系。

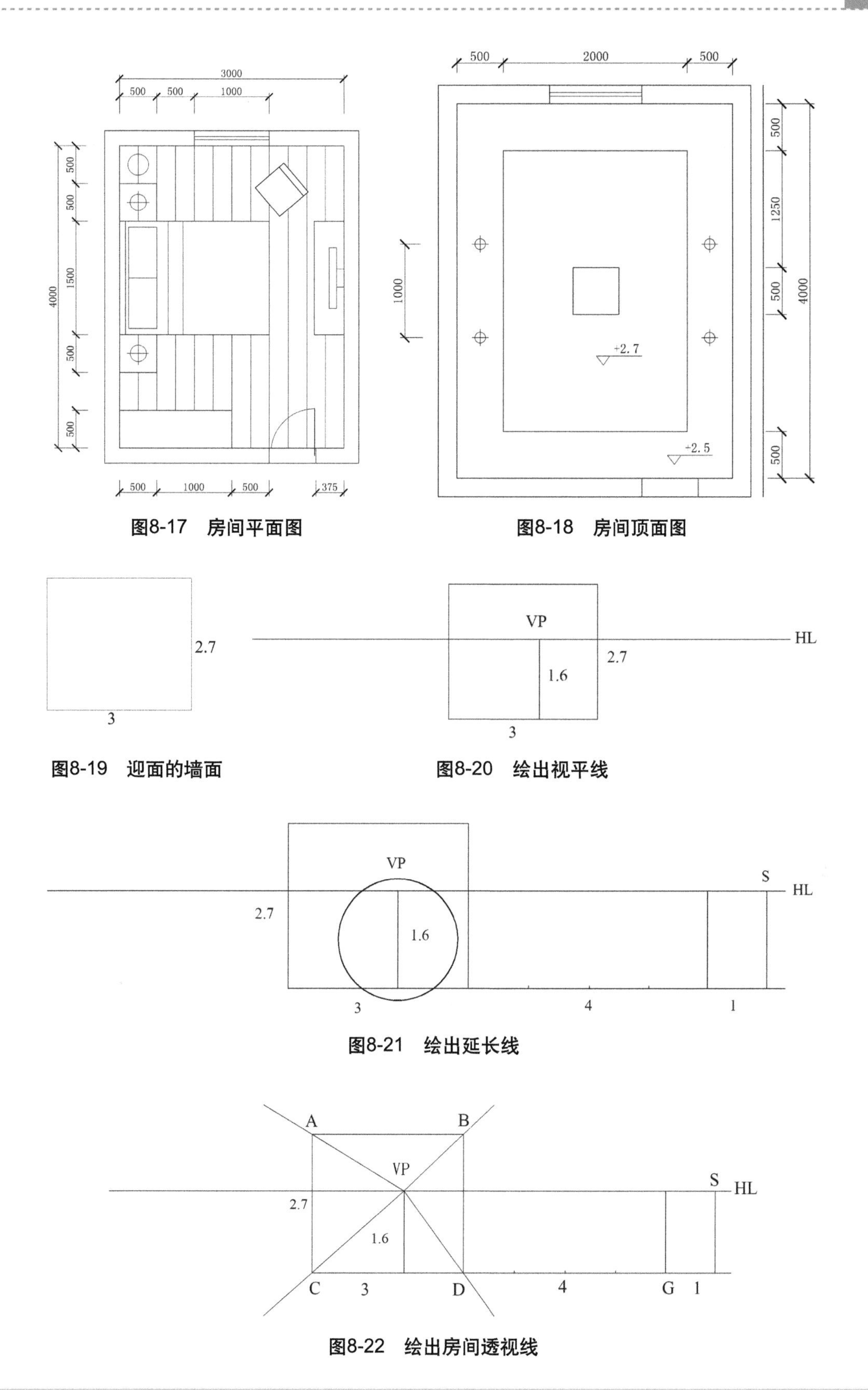

图8-17　房间平面图

图8-18　房间顶面图

图8-19　迎面的墙面

图8-20　绘出视平线

图8-21　绘出延长线

图8-22　绘出房间透视线

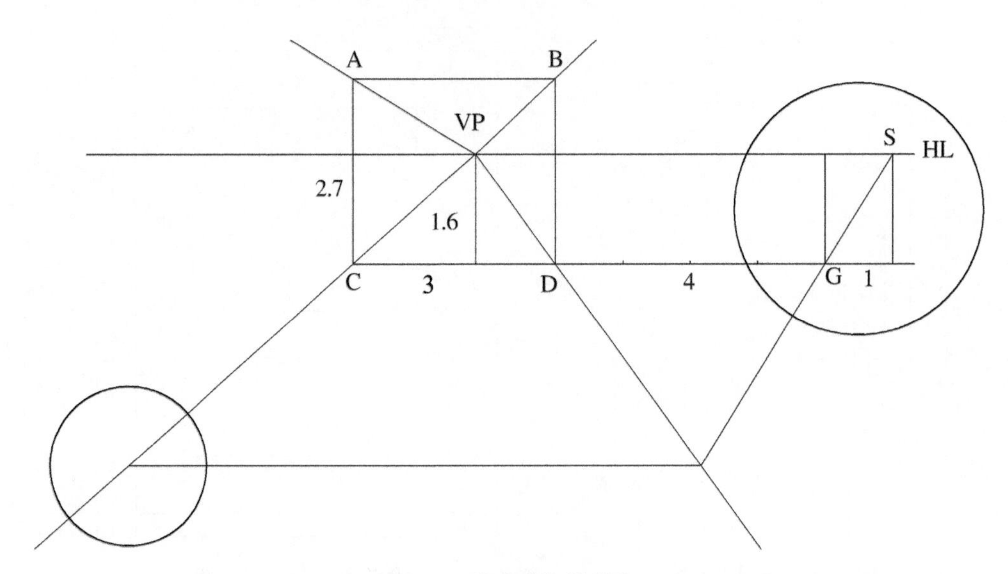

图8-23　确定房间的进深

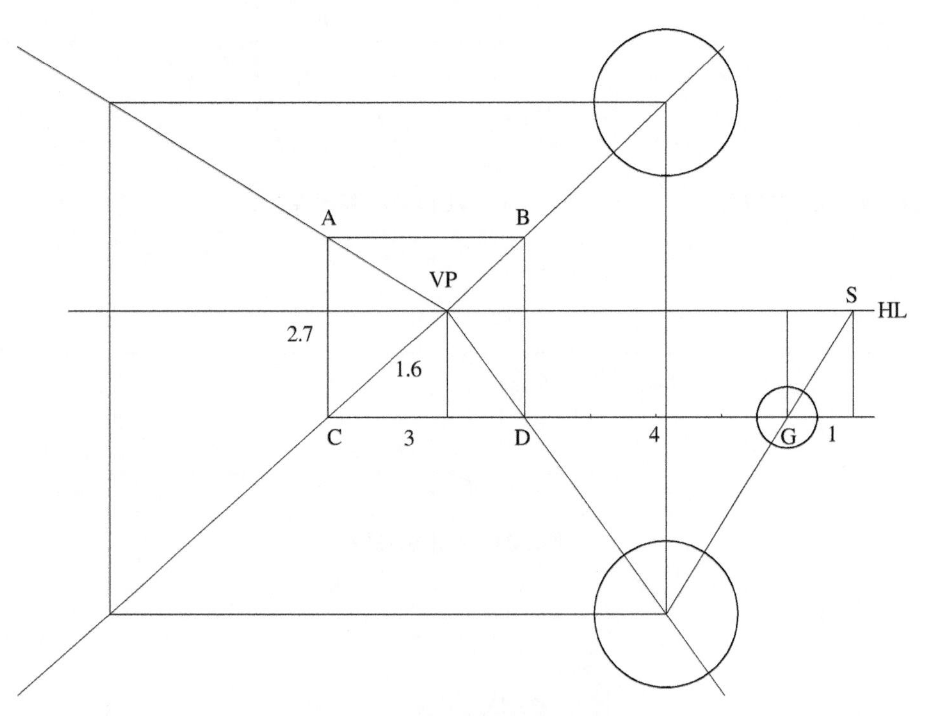

图8-24　完成房间整体透视框架线

(7) 按比例从G点向左量出0.5米，通过S点作射线，与画面右下角斜向透视线相交，过此交点作平行线，该线即为在透视图中0.5米的位置，如图8-25所示。

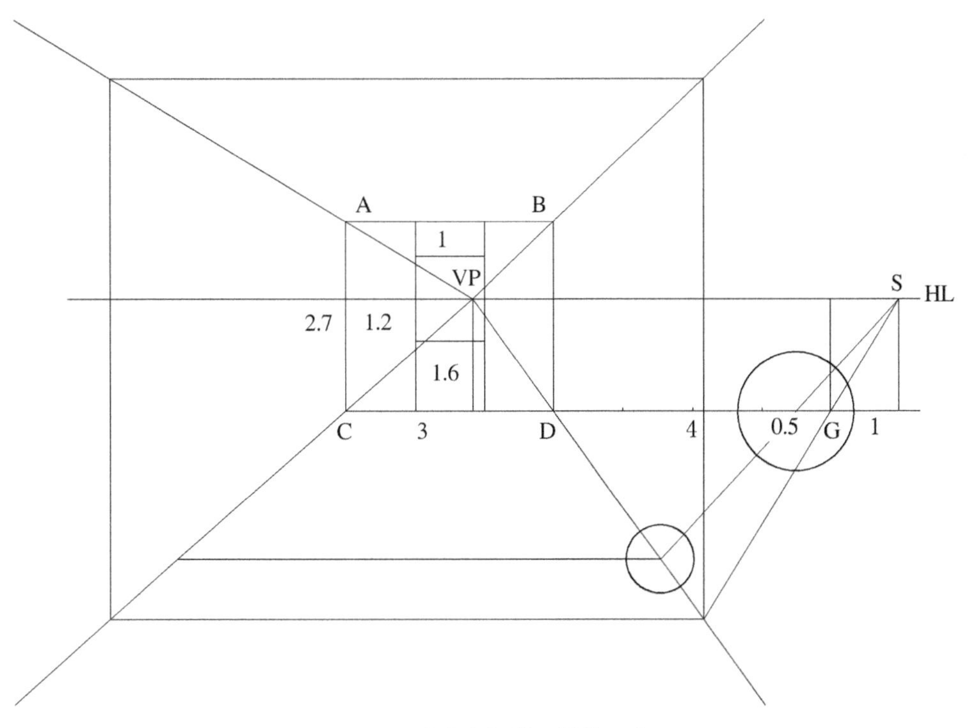

图8-25 确定房间进深其他尺度

(8) 从C点向右按比例量出1.5米，过灭点连接射线，与底边相交，该线即为房间左数1.5米位置的透视线，它与上一步横线共同构成大衣柜的位置透视线，如图8-26所示。

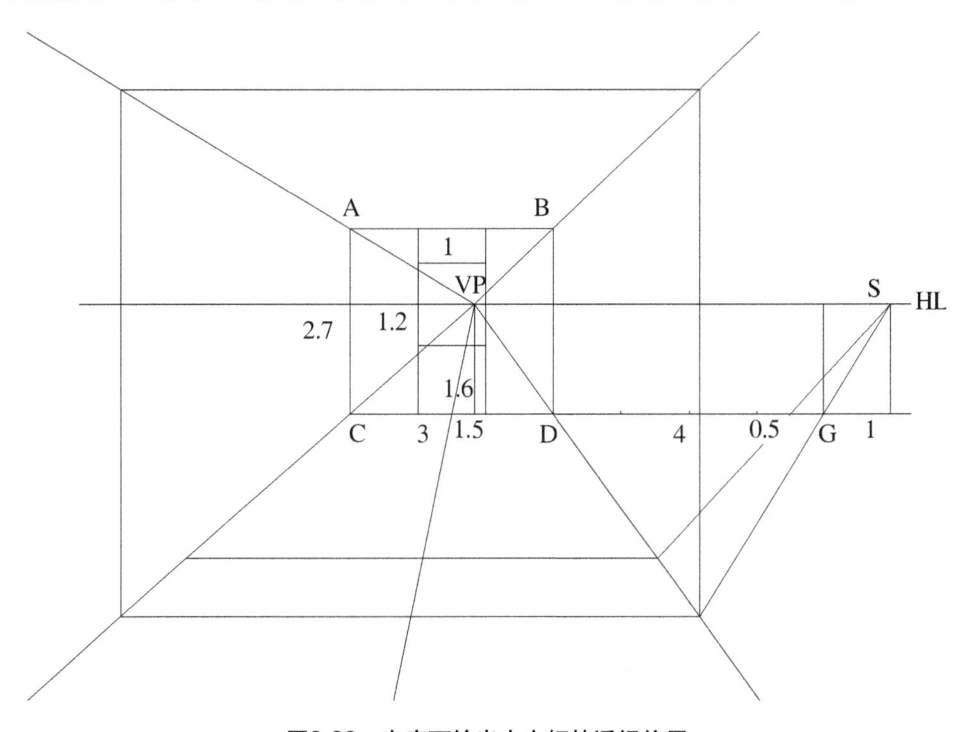

图8-26 在底面绘出大衣柜的透视位置

(9) 通过上面的步骤，可以按尺寸将平面图依照透视要求绘制在房间底面上，CD线段为房间宽度尺寸依照，DG线段为房间进深尺度依照，如图8-27所示。

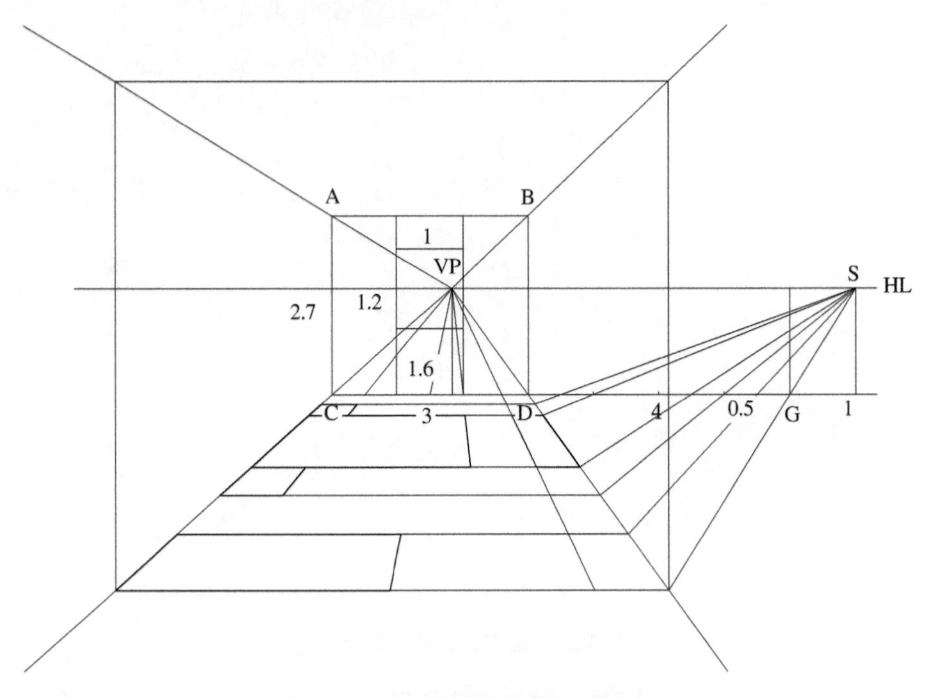

图8-27　将平面图绘制在房间底面

(10) 从C点向上按比例量出0.6米，过灭点VP连接射线，与床头柜靠墙一角的垂线相交，确定出0.6米高床头柜的高度透视线，如图8-28所示。

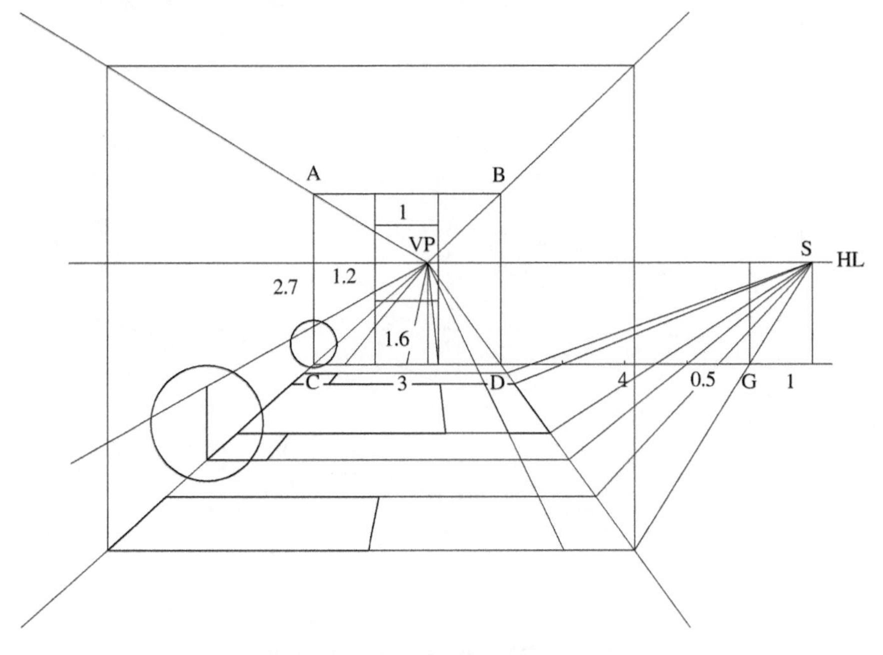

图8-28　确定床头柜高度的方法

(11) 将床头柜平面图的四角向上作垂线，通过上一步确定的交点作平行线，如图8-29所示。

(12) 过灭点连接床头柜顶面交点，并完成顶面后边的平行线。完成床头柜的方体透视，如图8-30所示。

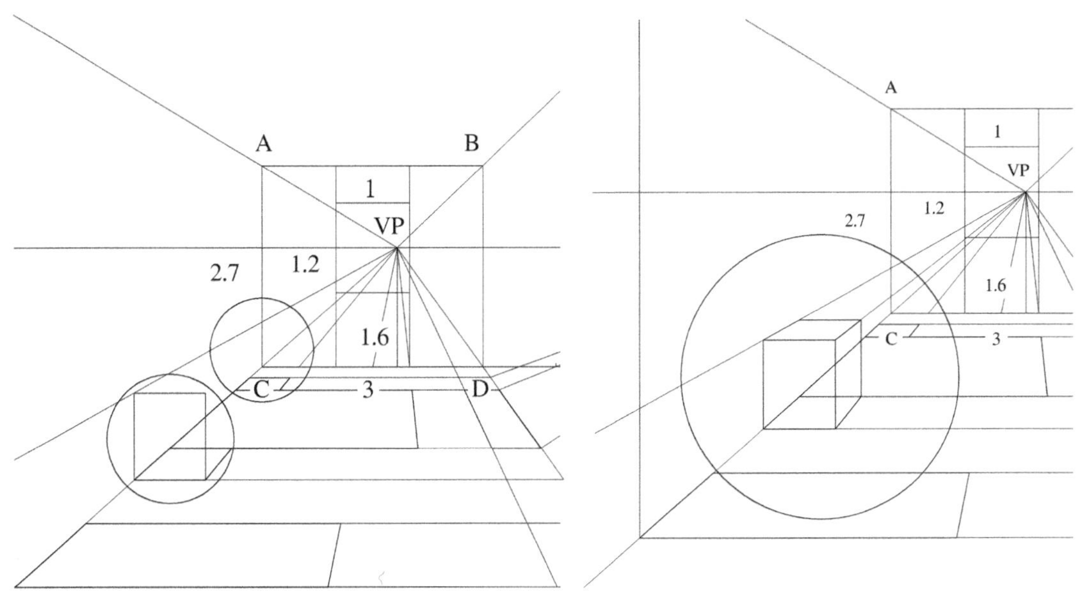

图8-29 绘制床头柜的一个立面

图8-30 完成床头柜的方体透视

(13) 我们将房间内的所有物体都可看作方体处理，依照前面床头柜的画法，将平面图拉高，形成一个个透视准确的方体，如图8-31所示。

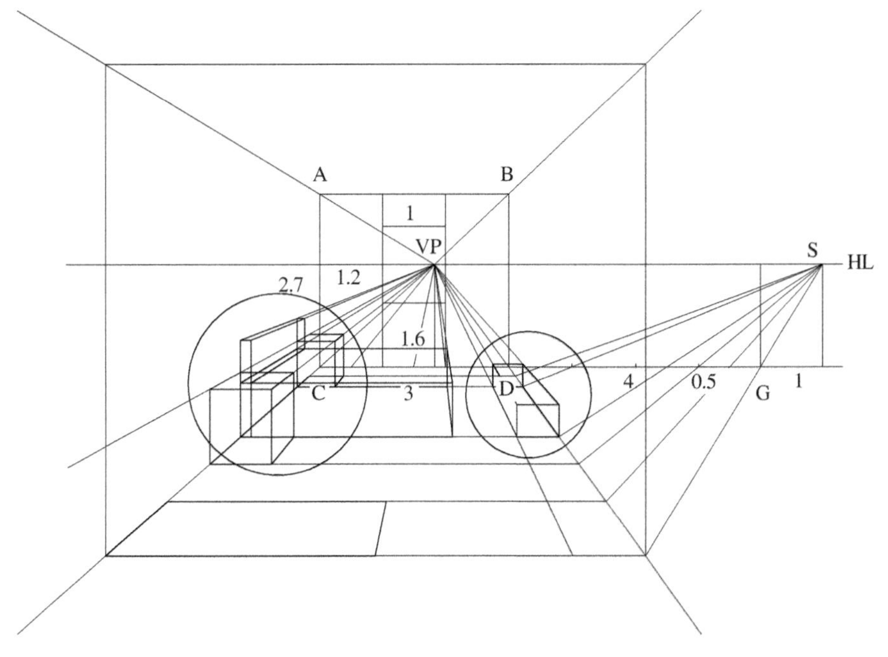

图8-31 将平面图拉高形成透视图

(14) 对于一点透视中的两点透视物，可以按照尺寸在底面上标出四角的点位，再相互连接成方形，如图8-32所示。依其透视线走向，在视平线上找到相应的灭点VP。

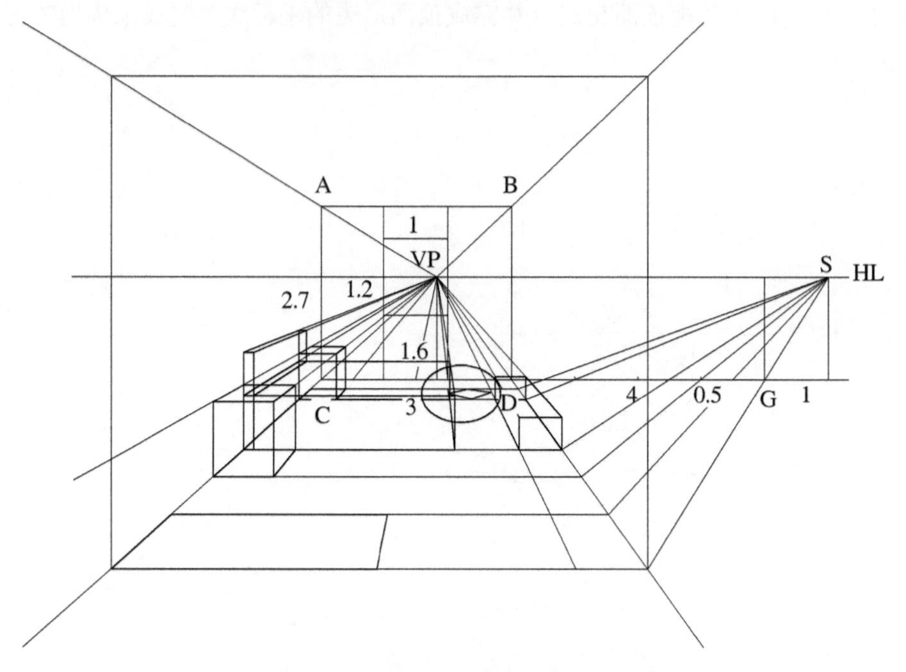

图8-32　一点透视中的两点透视物画法

(15) 以线段AC、BD为高度参考尺寸线，从A点向下按比例量出0.2米，过灭点VP连接射线，确定吊顶的高度透视线，如图8-33所示。其画法与地面物体透视画法一样。

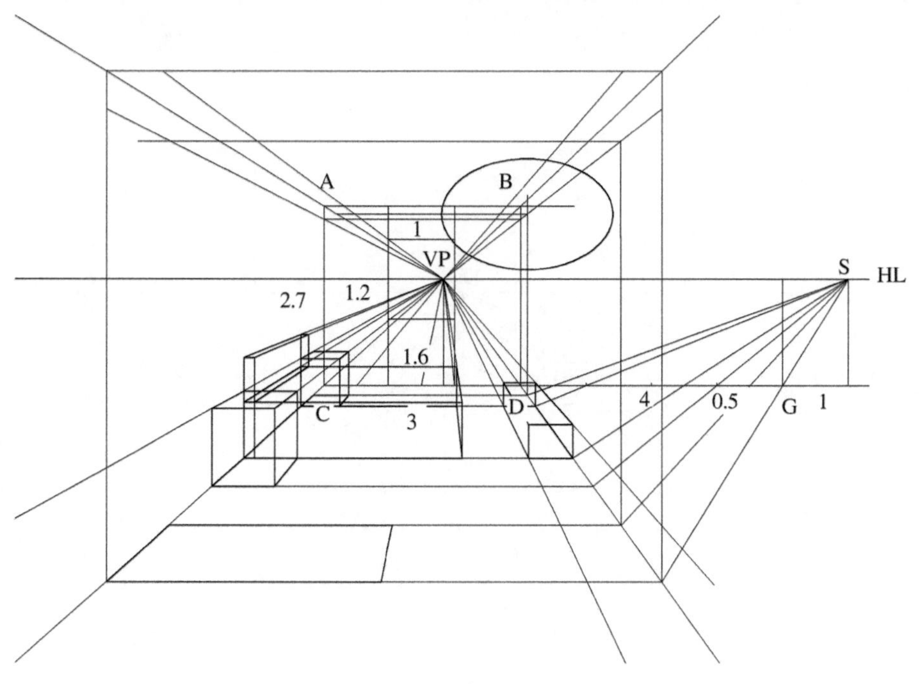

图8-33　确定吊顶高度

(16) 在房间顶部中间位置绘出吊灯的透视线，如图8-34所示。方法原理与地面物体绘制一致。

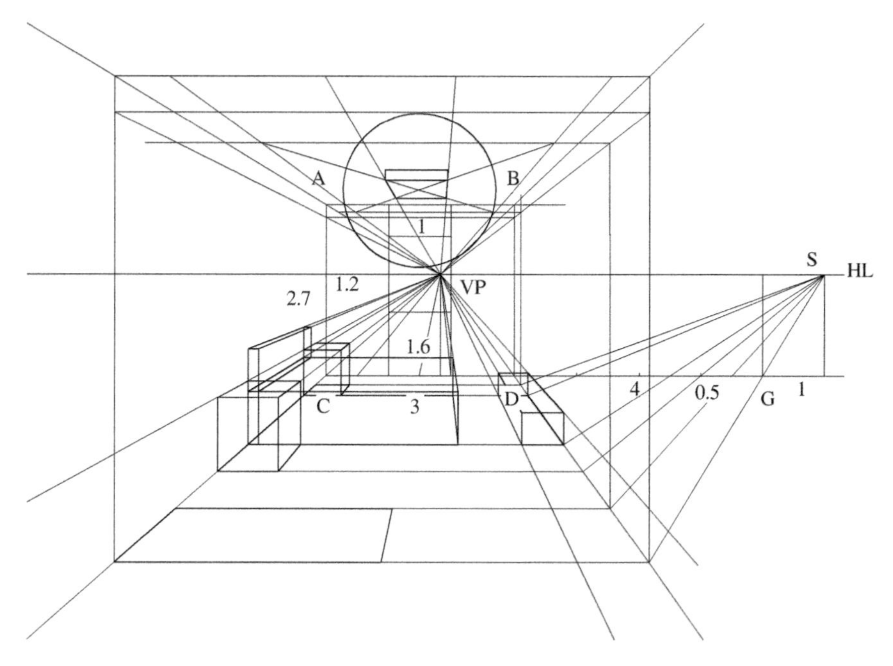

图8-34　绘制吊灯

(17) 绘制好吊灯后，将房间其他装饰，如台灯、挂画、电视机等透视位置绘出，尤其注意圆形在透视状态下的处理，如图8-35所示。

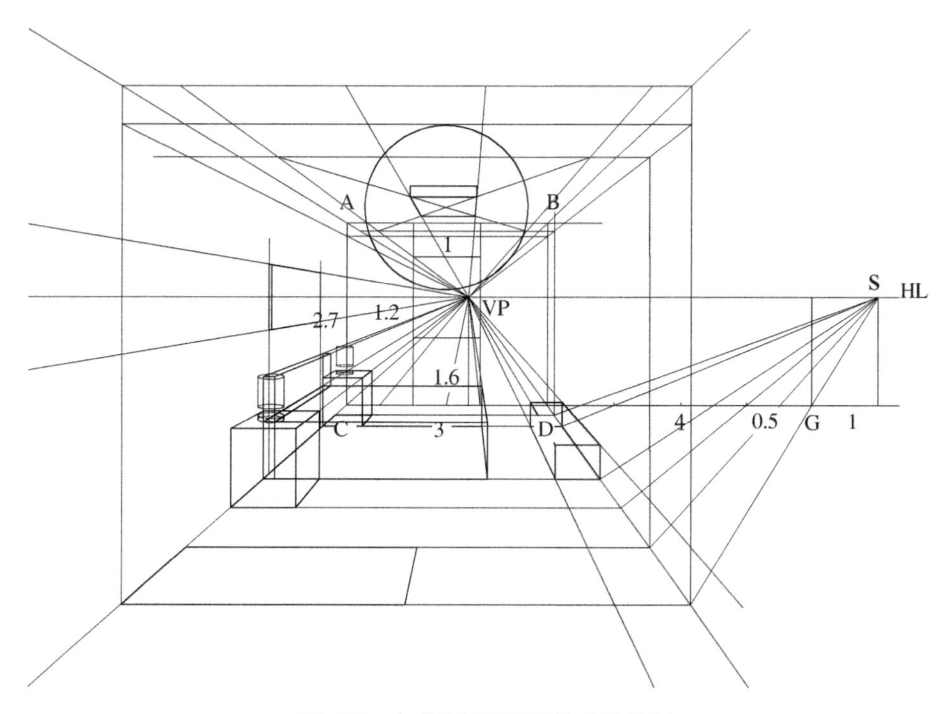

图8-35　完成房间其他装饰物的绘制

2．两点透视原理的具体应用

下面还是以此房间为例，用两点透视绘图原理绘制效果图线稿。

(1) 在纸上先绘制出视平线，按1.6米视高绘出一个三角形，如图8-36所示。

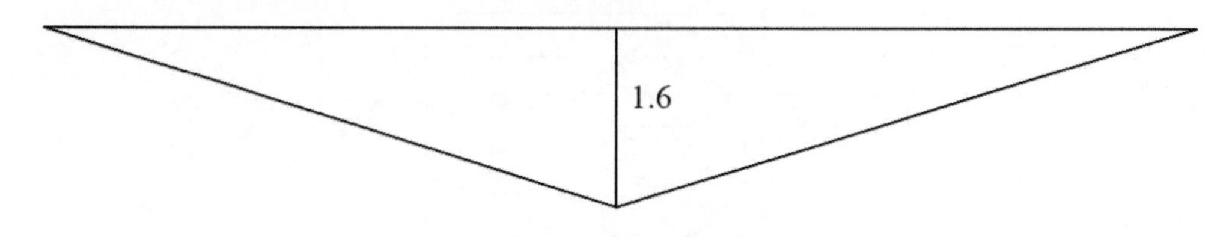

图8-36　两点透视确定视高

(2) 以AB线段的中点O为圆心，以OB为半径，绘制半圆，如图8-37所示。

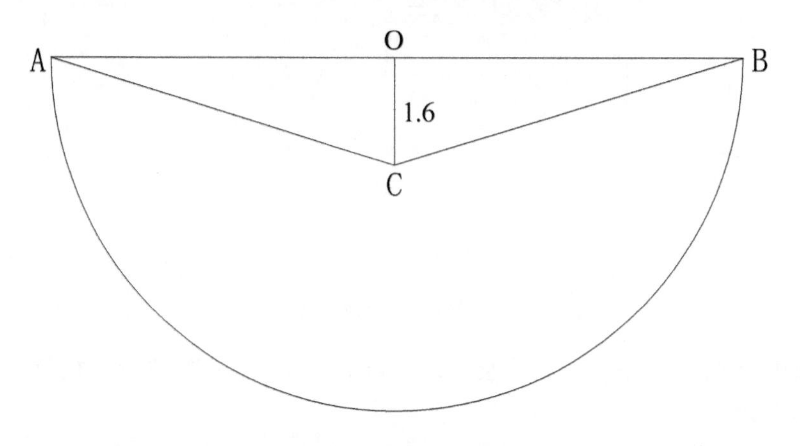

图8-37　绘制一个半圆

(3) 在半圆弧上中间偏左或偏右的位置选择一点D，以A为圆心、AD为半径画圆弧，与AB相交于M_2点；以B为圆心、BD为半径画圆弧，与AB相交于M_1点，如图8-38所示。

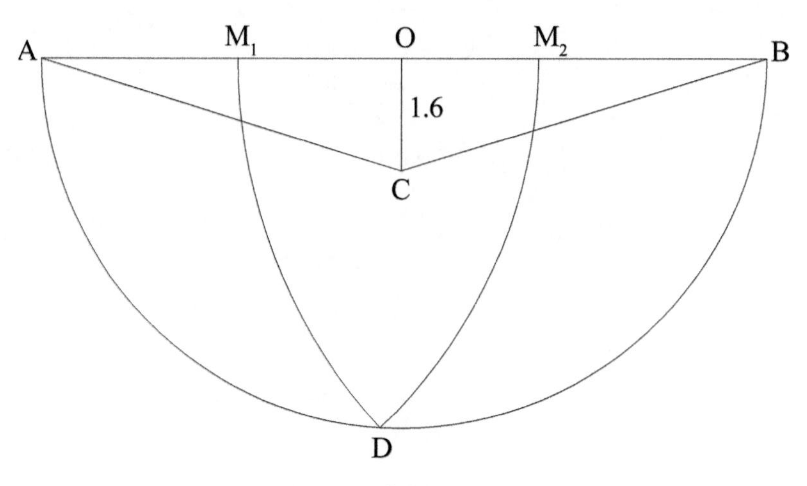

图8-38　确定M_1、M_2点

(4) 将1.6米视高延长至2.7米，连接两侧灭点并延长射线。过C点作平行线，C点向左按比

例画出4米，每1米点一个点；C点向右按比例画出3米，每1米点一个点。分别过M_1、M_2点连接各边标点，各射线与斜线相交，各交点即为在透视图中的长宽尺寸点，如图8-39所示。

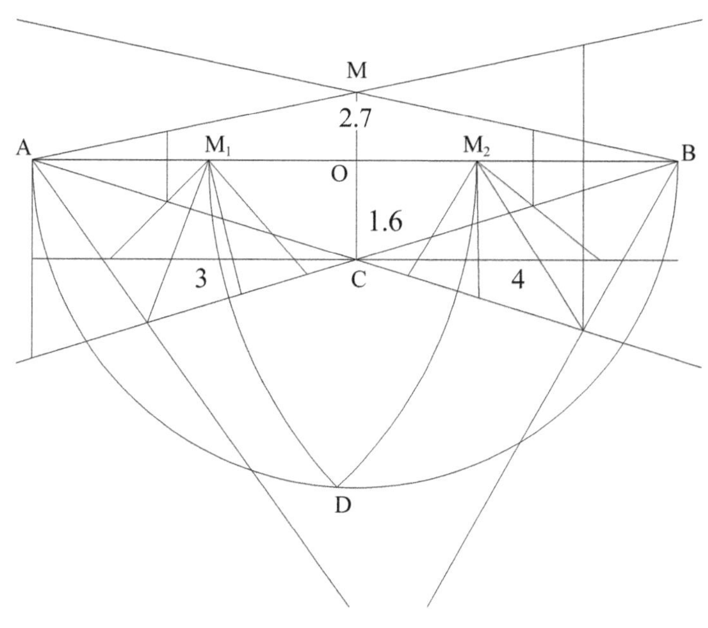

图8-39 完成房间透视线

(5) 过灭点连接各斜边上的标点，画出房间底面的参考网格，如图8-40所示。

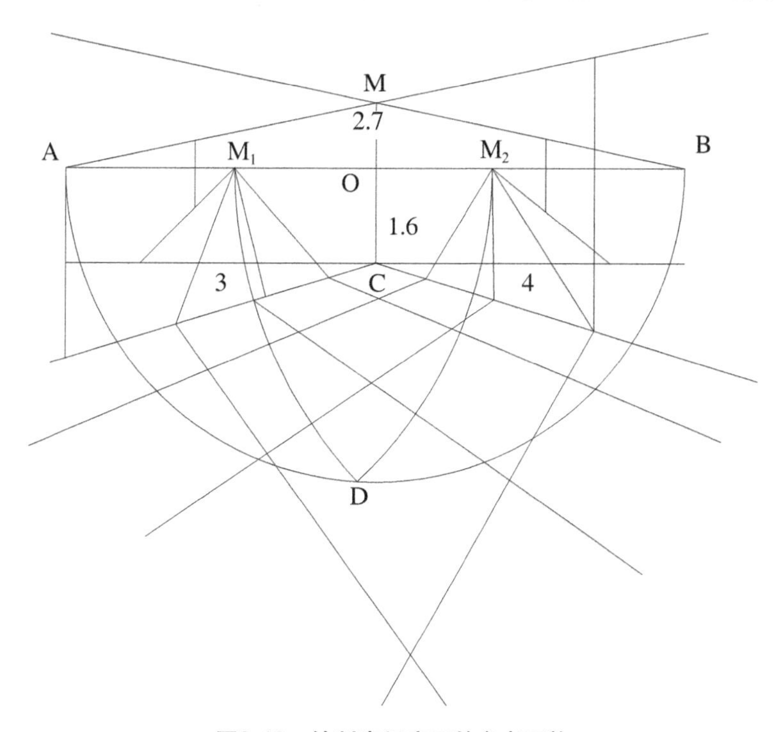

图8-40 绘制房间底面的参考网格

(6) 按平面图尺寸，将家具的位置绘制在底面参考网格内，如图8-41所示。

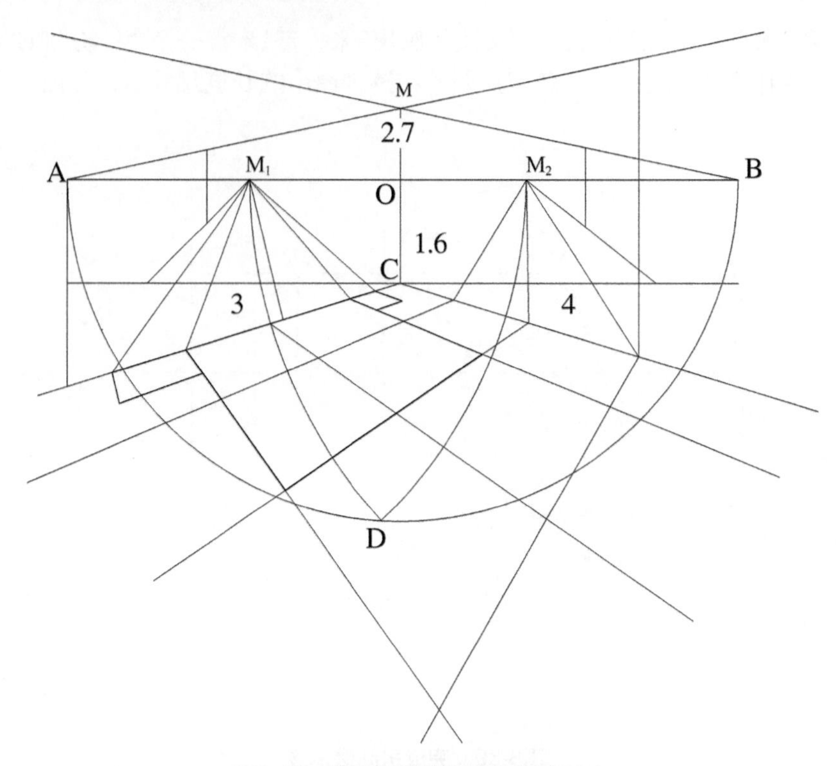

图8-41　将平面图绘制在房间底面上

(7) 从C点向上按比例量出0.6米，过灭点连接射线，确定床头柜的高度，如图8-42所示，然后作垂线连接。利用两侧灭点，将平面图拉高，完成床头柜的方体透视。

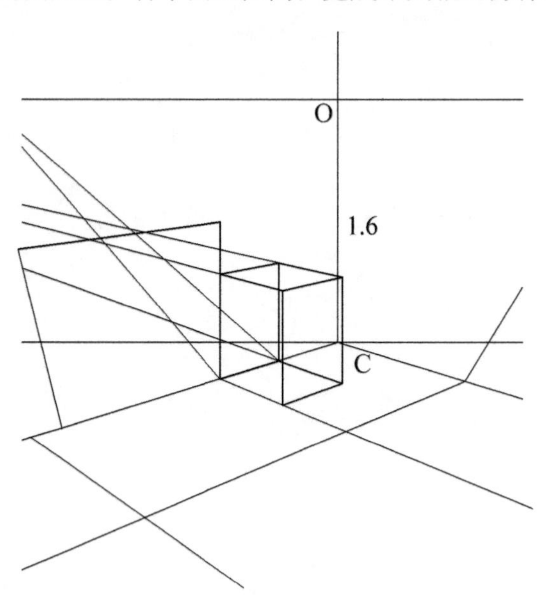

图8-42　床头柜高度的确定

(8) 按照画床头柜的方法，将房间内的物体全部按方体绘制出来，如图8-43所示。吊顶的绘制方法也与上面的画法一致。

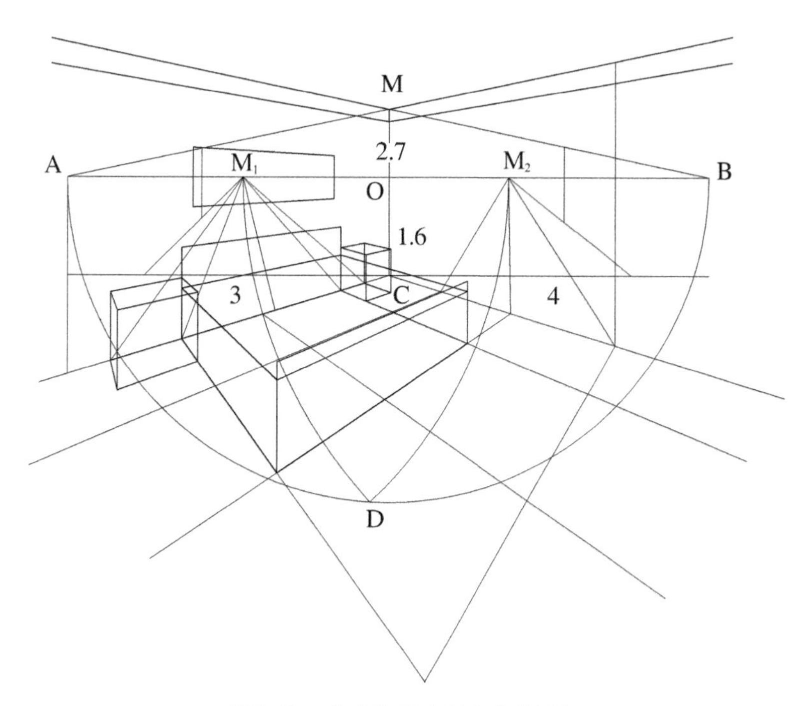

图8-43 完成房间内所有方体透视

(9) 利用两侧灭点绘制出房间内的一些细节，如吊灯、挂画、窗户、窗帘等，如图8-44所示。

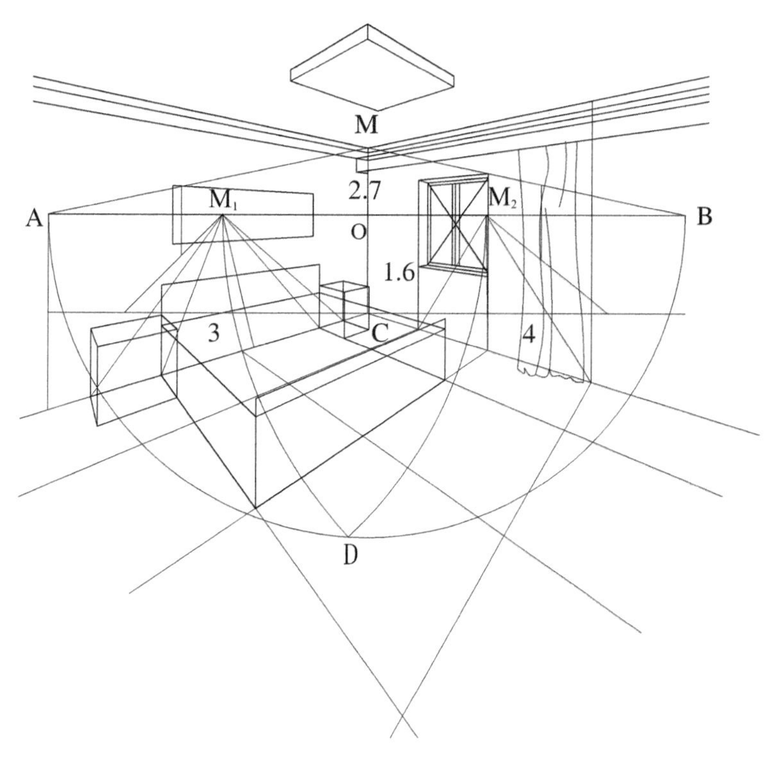

图8-44 完成细节透视

1．说说室内设计各个阶段需要完成的主要任务。

2．设计表达阶段的主要内容是什么？说说这些内容对整体设计过程的意义。

3．认真学习透视原理，分清它们的区别，并说说它们的特点。

分组调研餐厅的特点，以本校学生食堂或其他餐厅为对象展开设计。按照设计程序，结合透视法则完成该对象的室内设计。(必须按照设计程序进行设计)

住宅装饰装修工程施工规范（GB 50327—2001）

根据我部《关于印发“二〇〇〇至二〇〇一年度工程建设国家标准制订、修订计划”的通知》(建标〔2001〕87号)的要求，由我部会同有关部门共同编制的《住宅装饰装修工程施工规范》，经有关部门会审，批准为国家标准，编号为GB 50327—2001，自2002年5月1日起施行。其中，3.1.3、3.1.7、3.2.2、4.1.1、4.3.4、4.3.6、4.3.7、10.1.6为强制性条文，必须严格执行。

本规范由建设部负责管理和对强制性条文的解释，中国建筑装饰协会负责具体技术内容的解释，建设部标准定额所组织中国建筑工业出版社出版发行。

中华人民共和国建设部

2001年12月9日

住宅装饰装修工程施工规范

目录

1　总则

1.0.1　为住宅装饰装修工程施工规范，保证工程质量，保障人身健康和财产安全，保护环境，维护公共利益，制定本规范。

1.0.2　本规范适用于住宅建筑内部的装饰装修工程施工。

1.0.3　住宅装饰装修工程施工除应执行本规范外，应符合国家现行有关标准、规范的规定。

2　术语

2.0.1　住宅装饰装修 interior decoration of housings

为了保护住宅建筑的主体结构，完善住宅的使用功能，采用装饰装修材料或饰物，对住宅内部表面和使用空间环境所进行的处理和美化过程。

2.0.2 室内环境污染 indoor environmenta1 pol1ution

室内环境污染指室内空气中含有有害人体健康的氡、甲醛、苯、氨、总挥发性有机物等气体。

2.0.3 基体 primary structure

建筑物的主体结构和围护结构。

2.0.4 基层 basic course

直接承受装饰装修施工的表面层。

3 基本规定

3.1 施工基本要求

3.1.1 施工前应进行设计交底工作，并应对施工现场进行核查，了解物业管理的有关规定。

3.1.2 各工序、各分项工程应自检、互检及交接检。

3.1.3 施工中，严禁损坏房屋原有绝热设施；严禁损坏受力钢筋；严禁超荷载集中堆放物品；严禁在预制混凝土空心楼板上打孔安装埋件。

3.1.4 施工中，严禁擅自改动建筑主体、承重结构或改变房间主要使用功能；严禁擅自拆改燃气、暖气、通信等配套设施。

3.1.5 管道、设备工程的安装及调试应在装饰装修工程施工前完成，必须同步进行的应在饰面层施工前完成。装饰装修工程不得影响管道、设备的使用和维修。涉及燃气管道的装饰装修工程必须符合有关安全管理的规定。

3.1.6 施工人员应遵守有关施工安全、劳动保护、防火、防毒的法律、法规。

3.1.7 施工现场用电应符合下列规定。

(1) 施工现场用电应从户表以后设立临时施工用电系统。

(2) 安装、维修或拆除临时施工用电系统，应由电工完成。

(3) 临时施工供电开关箱中应装设漏电保护器。进入开关箱的电源线不得用插销连接。

(4) 临时用电线路应避开易燃、易爆物品堆放地。

(5) 暂停施工时应切断电源。

3.1.8 施工现场用水应符合下列规定。

(1) 不得在未做防水的地面蓄水。

(2) 临时用水管不得有破损、滴漏。

(3) 暂停施工时应切断水源。

3.1.9 文明施工和现场环境应符合下列要求。

(1) 施工人员应衣着整齐。

(2) 施工人员应服从物业管理或治安保卫人员的监督、管理。

(3) 应控制粉尘、污染物、噪声、震动等对相邻居民、居民区和城市环境的污染及危害。

(4) 施工堆料不得占用楼道内的公共空间，封堵紧急出口。

(5) 室外堆料应遵守物业管理规定，避开公共通道、绿化地、化粪池等市政公用设施。

(6) 工程垃圾宜密封包装，并放在指定垃圾堆放地。

(7) 不得堵塞、破坏上下水管道、垃圾道等公共设施，不得损坏楼内各种公共标识。

(8) 工程验收前应将施工现场清理干净。

3.2　材料、设备基本要求

3.2.1　住宅装饰装修工程所用材料的品种、规格、性能应符合设计的要求及国家现行有关标准的规定。

3.2.2　严禁使用国家明令淘汰的材料。

3.2.3　住宅装饰装修所用的材料应按设计要求进行防火、防腐和防蛀处理。

3.2.4　施工单位应对进场主要材料的品种、规格、性能进行验收。主要材料应有产品合格证书，有特殊要求的应有相应的性能检测报告和中文说明书。

3.2.5　现场配制的材料应按设计要求或产品说明书制作。

3.2.6　应配备满足施工要求的配套机具设备及检测仪器。

3.2.7　住宅装饰装修工程应积极使用新材料、新技术、新工艺和新设备。

3.3　成品保护

3.3.1　施工过程中材料运输应符合下列规定。

(1) 材料运输使用电梯时，应对电梯采取保护措施。

(2) 材料搬运时要避免损坏楼道内顶、墙、扶手、楼道窗户及楼道门。

3.3.2　施工过程中应采取下列成品保护措施。

(1) 各工种在施工中不得污染、损坏其他工种的半成品、成品。

(2) 材料表面保护膜应在工程竣工时撤除。

(3) 对邮箱、消防、供电、电视、报警、网络等公共设施应采取保护措施。

4　防火安全

4.1　一般规定

4.1.1　施工单位必须制定施工防火安全制度，施工人员必须严格遵守。

4.1.2　住宅装饰装修材料的燃烧性能等级要求，应符合现行国家标准《建筑内部装修设计防火规范》(GB 50222)的规定。

4.2　材料的防火处理

4.2.1　对装饰织物进行阻燃处理时，应使其被阻燃剂浸透，阻燃剂的干含量应符合产品说明书的要求。

4.2.2　对木质装饰装修材料进行防火涂料涂布前应对其表面进行清洁。涂布至少分两次进行，且第二次涂布应在第一次涂布的涂层表干后进行，涂布量应不小于500g/m^2。

4.3　施工现场防火

4.3.1　易燃物品应相对集中放置在安全区域，并应有明显标识。施工现场不得大量积存可燃材料。

4.3.2　易燃易爆材料的施工，应避免敲打、碰撞、摩擦等可能出现火花的操作。配套使用的照明灯、电动机、电气开关应有安全防爆装置。

4.3.3　使用油漆等挥发性材料时，应随时封闭其容器，擦拭后的棉纱等物品应集中存放且远离热源。

4.3.4　施工现场动用电气焊等明火时，必须清除周围及焊渣滴落区的可燃物质，并设专人监督。

4.3.5　施工现场必须配备灭火器、沙箱或其他灭火工具。

4.3.6　严禁在施工现场吸烟。

4.3.7　严禁在运行中的管道、装有易燃易爆的容器和受力构件上进行焊接和切割。

4.4　电气防火

4.4.1　照明、电热器等设备的高温部位靠近非A级材料，或导线穿越B2级以下装修材料时，应采用岩棉、瓷管或玻璃棉等A级材料隔热。当照明灯具或镇流器嵌入可燃装饰装修材料中时，应采取隔热措施予以分隔。

4.4.2　配电箱的壳体和底板宜采用A级材料制作。配电箱不得安装在B2级以下(含B2级)的装修材料上。开关、插座应安装在B1级以上的材料上。

4.4.3　卤钨灯灯管附近的导线应采用耐热绝缘材料制成的护套，不得直接使用具有延燃性绝缘的导线。

4.4.4　明敷塑料导线应穿管或加线槽板保护，吊顶内的导线应穿金属管或B1级PVC管保护，导线不得裸露。

4.5　消防设施的保护

4.5.1　住宅装饰装修不得遮挡消防设施、疏散指示标志及安全出口，并且不应妨碍消防设施和疏散通道的正常使用，不得擅自改动防火门。

4.5.2　消火栓门四周的装饰装修材料颜色应与消火栓门的颜色有明显区别。

4.5.3　住宅内部火灾报警系统的穿线管、自动喷淋灭火系统的水管线应用独立的吊管架固定。不得借用装饰装修用的吊杆和放置在吊顶上固定。

4.5.4　当装饰装修重新分割了住宅房间的平面布局时，应根据有关设计规范针对新的平面调整火灾自动报警探测器与自动灭火喷头的布置。

4.5.5　喷淋管线、报警器线路、接线箱及相关器件宜暗装处理。

5　室内环境污染控制

5.0.1　本规范中控制的室内环境污染物为：氡(^{222}Rn)、甲醛、氨、苯和总挥发性有机物(TVOC)。

5.0.2　住宅装饰装修室内环境污染控制除应符合本规范外，尚应符合《民用建筑工程室内环境污染控制规范》(GB 50325—2001)等国家现行标准的规定，设计、施工应选用低毒性、低污染的装饰装修材料。

5.0.3　对室内环境污染控制有要求的，可按有关规定对5.0.1条的内容全部或部分进行检测，其污染物浓度限值应符合表5.0.3的要求。

表5.0.3　住宅装饰装修后室内环境污染物浓度限值

室内环境污染物	浓度限值
氡(Bq/m^3)	≤200
甲醛(mg/ m^3)	≤0.08

续表

室内环境污染物	浓度限值
苯(mg/ m^3)	≤0.09
氨(mg/ m^3)	≤0.20
总挥发性有机物TVOC(Bq/m^3)	≤0.50

6 防水工程

6.1 一般规定

6.1.1 本章适用于卫生间、厨房、阳台的防水工程施工。

6.1.2 防水施工宜采用涂膜防水。

6.1.3 防水施工人员应具备相应的岗位证书。

6.1.4 防水工程应在地面、墙面隐蔽工程完毕并经检查验收后进行。其施工方法应符合国家现行标准、规范的有关规定。

6.1.5 施工时应设置安全照明，并保持通风。

6.1.6 施工环境温度应符合防水材料的技术要求，并宜在5℃以上。

6.1.7 防水工程应做两次蓄水试验。

6.2 主要材料质量要求

6.2.1 防水涂料的性能应符合国家现行有关标准的规定，并应有产品合格证书。

6.3 施工要点

6.3.1 基层表面应平整，不得有松动、空鼓、起砂、开裂等缺陷，含水率应符合防水材料的施工要求。

6.3.2 地漏、套管、卫生洁具根部、阴阳角等部位，应先做防水附加层。

6.3.3 防水层应从地面延伸到墙面，高出地面100mm；浴室墙面的防水层不得低于1800mm。

6.3.4 防水砂浆施工应符合下列规定。

(1) 防水砂浆的配合比应符合设计或产品的要求，防水层应与基层结合牢固，表面应平整，不得有空鼓、裂缝和麻面起砂，阴阳角应做成圆弧形。

(2) 保护层水泥砂浆的厚度、强度应符合设计要求。

6.3.5 涂膜防水施工应符合下列规定。

(1) 涂膜涂刷应均匀一致，不得漏刷。总厚度应符合产品技术性能要求。

(2) 玻纤布的接槎应顺流水方向搭接，搭接宽度应不小于100 mm。两层以上玻纤布的防水施工，上、下搭接应错开幅宽的1/2。

7 抹灰工程

7.1 一般规定

7.1.1 本章适用于住宅内部抹灰工程施工。

7.1.2 顶棚抹灰层与基层之间及各抹灰层之间必须黏结牢固，无脱层、空鼓。

7.1.3 不同材料基体交接处表面的抹灰应采取防止开裂的加强措施。

7.1.4 室内墙面、柱面和门洞口的阳角做法应符合设计要求。设计无要求时，应采用

1∶2水泥砂浆做暗护角，其高度不应低于2m，每侧宽度不应小于50mm。

7.1.5 水泥砂浆抹灰层应在抹灰24h后进行养护。抹灰层在凝结前，应防止快干、水冲、撞击和震动。

7.1.6 冬期施工，抹灰时的作业面温度不宜低于5℃；抹灰层初凝前不得受冻。

7.2 主要材料质量要求

7.2.1 抹灰用的水泥宜为硅酸盐水泥、普通硅酸盐水泥，其强度等级不应小于32.5。

7.2.2 不同品种不同标号的水泥不得混合使用。

7.2.3 水泥应有产品合格证书。

7.2.4 抹灰用砂子宜选用中砂，砂子使用前应过筛，不得含有杂物。

7.2.5 抹灰用石灰膏的熟化期不应少于15d。罩面用磨细石灰粉的熟化期不应少于3d。

7.3 施工要点

7.3.1 基层处理应符合下列规定。

(1) 砖砌体，应清除表面杂物、尘土，抹灰前应洒水湿润。

(2) 混凝土，表面应凿毛或在表面洒水润湿后涂刷1∶1水泥砂浆(加适量胶黏剂)。

(3) 加气混凝土，应在湿润后边刷界面剂，边抹强度不大于M5的水泥混合砂浆。

7.3.2 抹灰层的平均总厚度应符合设计要求。

7.3.3 大面积抹灰前应设置标筋。抹灰应分层进行，每遍厚度宜为5～7mm。抹石灰砂浆和水泥混合砂浆每遍厚度宜为7～9mm。当抹灰总厚度超出35mm时，应采取加强措施。

7.3.4 用水泥砂浆和水泥混合砂浆抹灰时，应待前一抹灰层凝结后方可抹后一层；用石灰砂浆抹灰时，应待前一抹灰层七八成干后方可抹后一层。

7.3.5 底层的抹灰层强度不得低于面层的抹灰层强度。

7.3.6 水泥砂浆拌好后，应在初凝前用完，凡结硬砂浆不得继续使用。

8 吊顶工程

8.1 一般规定

8.1.1 本章适用于明龙骨和暗龙骨吊顶工程的施工。

8.1.2 吊杆、龙骨的安装间距、连接方式应符合设计要求。后置埋件、金属吊杆、龙骨应进行防腐处理。木吊杆、木龙骨、造型木板和木饰面板应进行防腐、防火、防蛀处理。

8.1.3 吊顶材料在运输、搬运、安装、存放时应采取相应措施，防止受潮、变形及损坏板材的表面和边角。

8.1.4 重型灯具、电扇及其他重型设备严禁安装在吊顶龙骨上。

8.1.5 吊顶内填充的吸音、保温材料的品种和铺设厚度应符合设计要求，并应有防散落措施。

8.1.6 饰面板上的灯具、烟感器、喷淋头、风口篦子等设备的位置应合理、美观，与饰面板交接处应严密。

8.1.7 吊顶与墙面、窗帘盒的交接应符合设计要求。

8.1.8 搁置式轻质饰面板，应按设计要求设置压卡装置。

8.1.9 胶黏剂的类型应按所用饰面板的品种配套选用。

8.2 主要材料质量要求

8.2.1　吊顶工程所用材料的品种、规格和颜色应符合设计要求。饰面板、金属龙骨应有产品合格证书。木吊杆、木龙骨的含水率应符合国家现行标准的有关规定。

8.2.2　饰面板表面应平整，边缘应整齐，颜色应一致。穿孔板的孔距应排列整齐；胶合板、木质纤维板、大芯板不应脱胶、变色。

8.2.3　防火涂料应有产品合格证书及使用说明书。

8.3　施工要点

8.3.1　龙骨的安装应符合下列要求。

(1) 应根据吊顶的设计标高在四周墙上弹线。弹线应清晰，位置应准确。

(2) 主龙骨吊点间距、起拱高度应符合设计要求。当设计无要求时，吊点间距应小于1.2m，应按房间短向跨度的1%～3%起拱。主龙骨安装后应及时校正其位置、标高。

(3) 吊杆应通直，距主龙骨端部距离不得超过300mm。当吊杆与设备相遇时，应调整吊点构造或增设吊杆。

(4) 次龙骨应紧贴主龙骨安装。固定板材的次龙骨间距不得大于600mm，在潮湿地区和场所，间距宜为 300～400mm。用沉头自攻钉安装饰面板时，接缝处次龙骨宽度不得小于40mm。

(5) 暗龙骨系列横撑龙骨应用连接件将其两端连接在通长次龙骨上。明龙骨系列的横撑龙骨与通长龙骨搭接处的间隙不得大于1mm。

(6) 边龙骨应按设计要求弹线，固定在四周墙上。

(7) 全面校正主、次龙骨的位置及平整度，连接件应错位安装。

8.3.2　安装饰面板前应完成吊顶内管道和设备的调试和验收。

8.3.3　饰面板安装前应按规格、颜色等进行分类选配。

8.3.4　暗龙骨饰面板(包括纸面石膏板、纤维水泥加压板、胶合板、金属方块板、金属条形板、塑料条形板、石膏板、钙塑板、矿棉板和格栅等)的安装应符合下列规定。

(1) 以轻钢龙骨、铝合金龙骨为骨架，采用钉固法安装时应使用沉头自攻钉固定。

(2) 以木龙骨为骨架，采用钉固法安装时应使用木螺钉固定，胶合板可用铁钉固定。

(3) 金属饰面板采用吊挂连接件、插接件固定时应按产品说明书的规定放置。

(4) 采用复合粘贴法安装时，胶黏剂未完全固化前板材不得有强烈振动。

8.3.5　纸面石膏板和纤维水泥加压板安装应符合下列规定。

(1) 板材应在自由状态下进行安装，固定时应从板的中间向板的四周固定。

(2) 纸面石膏板螺钉与板边距离：纸包边宜为10～15mm，切割边宜为15～20mm；水泥加压板螺钉与板边距离宜为8～15mm。

(3) 板周边钉距宜为150～170mm，板中钉距不得大于200mm。

(4) 安装双层石膏板时，上下层板的接缝应错开，不得在同一根龙骨上接缝。

(5) 螺钉头宜略埋入板面，并不得使纸面破损。钉眼应做防锈处理并用腻子抹平。

(6) 石膏板的接缝应按设计要求进行板缝处理。

8.3.6　石膏板、钙塑板的安装应符合下列规定。

(1) 当采用钉固法安装时，螺钉与板边距离不得小于15mm，螺钉间距宜为150～170 mm，均匀布置，并应与板面垂直，钉帽应进行防锈处理，并应用与板面颜色相同的涂料涂饰或用石膏腻子抹平。

(2) 当采用粘接法安装时，胶黏剂应涂抹均匀，不得漏涂。

8.3.7 矿棉装饰吸声板安装应符合下列规定。

(1) 房间内湿度过大时不宜安装。

(2) 安装前应预先排板，保证花样、图案的整体性。

(3) 安装时，吸声板上不得放置其他材料，防止板材受压变形。

8.3.8 明龙骨饰面板的安装应符合以下规定。

(1) 饰面板安装应确保切口的相互咬接及图案花纹的吻合。

(2) 饰面板与龙骨嵌装时应防止相互挤压过紧或脱挂。

(3) 采用搁置法安装时应留有板材安装缝，每边缝隙不宜大于1mm。

(4) 玻璃吊顶龙骨上留置的玻璃搭接宽度应符合设计要求，并应采用软连接。

(5) 装饰吸声板的安装如采用搁置法安装，应有定位措施。

9 轻质隔墙工程

9.1 一般规定

9.1.1 本章适用于板材隔墙、骨架隔墙和玻璃隔墙等非承重轻质隔墙工程的施工。

9.1.2 轻质隔墙的构造、固定方法应符合设计要求。

9.1.3 轻质隔墙材料在运输和安装时，应轻拿轻放，不得损坏表面和边角。应防止受潮变形。

9.1.4 当轻质隔墙下端用木踢脚覆盖时，饰面板应与地面留有20～30mm的缝隙；当用大理石、瓷砖、水磨石等做踢脚板时，饰面板下端应与踢脚板上口齐平，接缝应严密。

9.1.5 板材隔墙、饰面板安装前应按品种、规格、颜色等进行分类、选配。

9.1.6 轻质隔墙与顶棚和其他墙体的交接处应采取防开裂措施。

9.1.7 接触砖、石、混凝土的龙骨和埋置的木楔应作防腐处理。

9.1.8 胶黏剂应按饰面板的品种选用。现场配置胶黏剂，其配合比应由试验决定。

9.2 主要材料质量要求

9.2.1 板材隔墙的墙板、骨架隔墙的饰面板和龙骨、玻璃隔墙的玻璃应有产品合格证书。

9.2.2 饰面板表面应平整，边沿应整齐，不应有污垢、裂纹、缺角、翘曲、起皮、色差和图案不完整等缺陷。胶合板不应有脱胶、变色和腐朽。

9.2.3 复合轻质墙板的板面与基层(骨架)黏结必须牢固。

9.3 施工要点

9.3.1 墙位放线应按设计要求，沿地、墙、顶弹出隔墙的中心线和宽度线，宽度线应与隔墙厚度一致，弹线应清晰，位置应准确。

9.3.2 轻钢龙骨的安装应符合下列规定。

(1) 应按弹线位置固定沿地、沿顶龙骨及边框龙骨，龙骨的边线应与弹线重合。龙骨的端部应安装牢固，龙骨与基体的固定点间距应不大于1m。

(2) 安装竖向龙骨应垂直，龙骨间距应符合设计要求。潮湿房间和钢板网抹灰墙、龙骨间距不宜大于400mm。

(3) 安装支撑龙骨时，应先将支撑卡安装在竖向龙骨的开口方向，卡距宜为400mm～600mm，距龙骨两端的距离宜为20mm～25mm。

(4) 安装贯通系列龙骨时，低于3m的隔墙安装一道，3m～5m隔墙安装两道。

(5) 饰面板横向接缝处不在沿地、沿顶龙骨上时，应加横撑龙骨固定。

(6) 门窗或特殊接点处安装附加龙骨应符合设计要求。

9.3.3 木龙骨的安装应符合下列规定。

(1) 木龙骨的横截面积及纵、横向间距应符合设计要求。

(2) 骨架横、竖龙骨宜采用开半榫、加胶、加钉连接。

(3) 安装饰面板前应对龙骨进行防火处理。

9.3.4 骨架隔墙在安装饰面板前应检查骨架的牢固程度、墙内设备管线及填充材料的安装是否符合设计要求，如有不符合处应采取措施。

9.3.5 纸面石膏板的安装应符合以下规定。

(1) 石膏板宜竖向铺设，长边接缝应安装在竖龙骨上。

(2) 龙骨两侧的石膏板及龙骨一侧的双层板的接缝应错开，不得在同一根龙骨上接缝。

(3) 轻钢龙骨应用自攻螺钉固定，木龙骨应用木螺钉固定。沿石膏板周边钉间距不得大于200mm，板中钉间距不得大于300mm，螺钉与板边距离应为10～15mm。

(4) 安装石膏板时应从板的中部向板的四边固定。钉头略埋入板内，但不得损坏纸面，钉眼应进行防锈处理。

(5) 石膏板的接缝应按设计要求进行板缝处理。石膏板与周围墙或柱应留有3mm的槽口，以便进行防开裂处理。

9.3.6 胶合板的安装应符合下列规定。

(1) 胶合板安装前应对板背面进行防火处理。

(2) 轻钢龙骨应采用自攻螺钉固定。木龙骨采用圆钉固定时，钉距宜为80～150mm，钉帽应砸扁；采用钉枪固定时，钉距宜为80～100mm。

(3) 阳角处宜作护角。

(4) 胶合板用木压条固定时，固定点间距不应大于200mm。

9.3.7 板材隔墙的安装应符合下列规定。

(1) 墙位放线应清晰，位置应准确。隔墙上下基层应平整、牢固。

(2) 板材隔墙安装拼接应符合设计和产品构造要求。

(3) 安装板材隔墙时宜使用简易支架。

(4) 安装板材隔墙所用的金属件应进行防腐处理。

(5) 板材隔墙拼接用的芯材应符合防火要求。

(6) 在板材隔墙上开槽、打孔应用云石机切割或电钻钻孔，不得直接剔凿和用力敲击。

9.3.8 玻璃砖墙的安装应符合下列规定。

(1) 玻璃砖墙宜以1.5m高为一个施工段，待下部施工段胶结材料达到设计强度后再进行上部施工。

(2) 当玻璃砖墙面积过大时应增加支撑。玻璃砖墙的骨架应与结构连接牢固。

(3) 玻璃砖应排列均匀整齐，表面平整，嵌缝的油灰或密封膏应饱满密实。

9.3.9 平板玻璃隔墙的安装应符合下列规定。

(1) 墙位放线应清晰，位置应准确。隔墙基层应平整、牢固。

(2) 骨架边框的安装应符合设计和产品组合的要求。

(3) 压条应与边框紧贴，不得弯棱、凸鼓。

(4) 安装玻璃前应对骨架、边框的牢固程度进行检查，如有不牢应进行加固。

(5) 玻璃安装应符合本规范门窗工程的有关规定。

10 门窗工程

10.1 一般规定

10.1.1 本章适用于木门窗、铝合金门窗、塑料门窗安装工程的施工。

10.1.2 门窗安装前应按下列要求进行检查。

(1) 门窗的品种、规格、开启方向、平整度等应符合国家现行标准的有关规定，附件应齐全。

(2) 门窗洞口应符合设计要求。

10.1.3 门窗的存放、运输应符合下列规定。

(1) 木门窗应采取措施防止受潮、碰伤、污染与暴晒。

(2) 塑料门窗储存的环境温度应小于50℃；与热源的距离不应小于1m，当在环境温度为0℃的环境中存放时，安装前应在室温下放置24h。

(3) 铝合金、塑料门窗运输时应竖立排放并固定牢靠。樘与栓间应用软质材料隔开，防止相互磨损及压坏玻璃和五金件。

10.1.4 门窗的固定方法应符合设计要求。门窗框、扇在安装过程中，应防止变形和损坏。

10.1.5 门窗安装应采用预留洞口的施工方法，不得采用边安装边砌口或先安装后砌口的施工方法。

10.1.6 推拉门窗扇必须有防脱落措施，扇与框的搭接应符合设计要求。

10.1.7 建筑外门窗的安装必须牢固，在砖砌体上安装门窗严禁用射钉固定。

10.2 主要材料质量要求

10.2.1 门窗、玻璃、密封胶等应按设计要求选用，并应有产品合格证书。

10.2.2 门窗的外观、外形尺寸、装配质量、力学性能应符合国家现行标准的有关规定，塑料门窗中的竖框、中横框或拼樘料等主要受力杆件中的增强型钢，应在产品说明中注明规格、尺寸。门窗表面不应有影响外观质量的缺陷。

10.2.3 木门窗采用的木材，其含水率应符合国家现行标准的有关规定。

10.2.4 在木门窗的结合处和安装五金配件处，均不得有木节或已填补的木节。

10.2.5 金属门窗选用的零附件及固定件，除不锈钢外均应经防腐蚀处理。

10.2.6 塑料门窗组合窗及连窗门的拼樘应采用与其内腔紧密吻合的增强型钢作为内衬，型钢两端比拼樘料长出10～15mm。外窗的拼樘料截面积尺寸及型钢形状、壁厚，应能使组合窗承受本地区的瞬间风压值。

10.3 施工要点

10.3.1 木门窗的安装应符合下列规定。

(1) 门窗框与砖石砌体、混凝土或抹灰层接触部位以及固定用木砖等均应进行防腐处理。

(2) 门窗框安装前应校正方正，加钉必要拉条避免变形。安装门窗框时，每边固定点不得少于两处，其间距不得大于1.2m。

(3) 门窗框需镶贴脸时，门窗框应凸出墙面，凸出的厚度应等于抹灰层或装饰面层的厚度。

(4) 木门窗五金配件的安装应符合下列规定。

① 合页距门窗扇上下端宜取立梃高度的1/10，并应避开上、下冒头。

② 五金配件安装应用木螺钉固定。硬木应钻2/3深度的孔，孔径应略小于木螺钉直径。

③ 门锁不宜安装在冒头与立梃的结合处。

④ 窗拉手距地面宜为1.5m～1.6m，门拉手距地面宜为0.9～1.05m。

10.3.2　铝合金门窗的安装应符合下列规定。

(1) 门窗装入洞口应横平竖直，严禁将门窗框直接埋入墙体。

(2) 安装密封条应留有比门窗的装配边长20～30mm的余量，转角处应从斜面断开，并用胶黏剂粘贴牢固，避免收缩产生缝隙。

(3) 门窗框与墙体间缝隙不得用水泥砂浆填塞，应采用弹性材料填嵌饱满，表面应用密封胶密封。

10.3.3　塑料门窗的安装应符合下列规定。

(1) 门窗安装五金配件时，应钻孔后用自攻螺钉拧入，不得直接锤击钉入。

(2) 门窗框、副框和扇的安装必须牢固。固定片或膨胀螺栓的数量与位置应正确，连接方式应符合设计要求，固定点应距窗角、中横框、中竖框150～100mm，固定点间距应小于或等于600mm。

(3) 安装组合窗时应将两窗框与拼樘料卡接，卡接后应用紧固件双向拧紧，其间距应小于或等于600mm，紧固件端头及拼樘料与窗框间的缝隙应用嵌缝膏进行密封处理。拼樘料型钢两端必须与洞口固定牢固。

(4) 门窗框与墙体间缝隙不得用水泥砂浆填塞，应采用弹性材料填嵌饱满，表面应用密封胶密封。

10.3.4　木门窗玻璃的安装应符合下列规定。

(1) 玻璃安装前应检查框内尺寸，将裁口内的污垢清除干净。

(2) 安装长边大于1.5m或短边大于1m的玻璃，应用橡胶垫并用压条和螺钉固定。

(3) 安装木框、扇玻璃，可用钉子固定，钉距不得大于300mm，且每边不少于两个钉子；用木压条固定时，应先刷底油后安装，并不得将玻璃压得过紧。

(4) 安装玻璃隔墙时，玻璃在上框面应留有适量缝隙，防止木框变形，损坏玻璃。

(5) 使用密封膏时，接缝处的表面应清洁、干燥。

10.3.5　铝合金、塑料门窗玻璃的安装应符合下列规定。

(1) 安装玻璃前，应清除槽口内的杂物。

(2) 使用密封膏前，接缝处的表面应清洁、干燥。

(3) 玻璃不得与玻璃槽直接接触，并应在玻璃四边垫上不同厚度的垫块，边框上的垫块应用胶黏剂固定。

(4) 镀膜玻璃应安装在玻璃的最外层，单面镀膜玻璃应朝向室内。

11　细部工程

11.1　一般规定

11.1.1　本章适用木门窗套、窗帘盒、固定柜橱、护栏、扶手、花饰等细部工程的制作安装施工。

11.1.2　细部工程应在隐蔽工程已完成并经验收后进行。

11.1.3　框架结构的固定柜橱应用榫连接。板式结构的固定柜橱应用专用连接件连接。

11.1.4　细木饰面板安装后，应立即刷一遍底漆。

11.1.5　潮湿部位的固定橱柜，木门套应做防潮处理。

11.1.6　护栏、扶手应采用坚固、耐久材料，并能承受规范允许的水平荷载。

11.1.7　扶手高度不应小于0.90m，护栏高度不应小于1.05m，栏杆间距不应大于0.11m。

11.1.8　湿度较大的房间，不得使用未经防水处理的石膏花饰、纸质花饰等。

11.1.9　花饰安装完毕后，应采取成品保护措施。

11.2　主要材料质量要求

11.2.1　人造木板、胶黏剂的甲醛含量应符合国家现行标准的有关规定，应有产品合格证书。

11.2.2　木材含水率应符合国家现行标准的有关规定。

11.3　施工要点

11.3.1　木门窗套的制作安装应符合下列规定。

(1) 门窗洞口应方正垂直，预埋木砖应符合设计要求，并应进行防腐处理。

(2) 根据洞口尺寸、门窗中心线和位置线，用方木制成搁栅骨架并应做防腐处理，横撑位置必须与预埋件位置重合。

(3) 搁栅骨架应平整牢固，表面刨平。安装搁栅骨架应方正，除预留出板面厚度外，搁栅骨架与木砖间的间隙应垫以木垫，连接牢固。安装洞口搁栅骨架时，一般先上端后两侧，洞口上部骨架应与紧固件连接牢固。

(4) 与墙体对应的基层板板面应进行防腐处理，基层板安装应牢固。

(5) 饰面板颜色、花纹应谐调。板面应略大于搁栅骨架，大面应净光，小面应刮直。木纹根部应向下，长度方向需要对接时，花纹应通顺，其接头位置应避开视线平视范围，宜在室内地面2m以上或1.2m以下，接头应留在横撑上。

(6) 贴脸、线条的品种、颜色、花纹应与饰面板谐调。贴脸接头应成45°角，贴脸与门窗套板面结合应紧密、平整，贴脸或线条盖住抹灰墙面应不小于10mm。

11.3.2　木窗帘盒的制作安装应符合下列规定。

(1) 窗帘盒宽度应符合设计要求。当设计无要求时，窗帘盒宜伸出窗口两侧200mm～300mm，窗帘盒中线应对准窗口中线，并使两端伸出窗口长度相同。窗帘盒下沿与窗口上沿应平齐或略低。

(2) 当采用木龙骨双包夹板工艺制作窗帘盒时，遮挡板外立面不得有明榫，露钉帽，底边应做封边处理。

(3) 窗帘盒底板可用后置埋木楔或膨胀螺栓固定，遮挡板与顶棚交接处宜用角线收口。窗帘盒靠墙部分应与墙面紧贴。

(4) 窗帘轨道安装应平直，窗帘轨固定点必须在底板的龙骨上，连接必须用木螺钉，严禁用圆钉固定。采用电动窗帘轨时，应按产品说明书进行安装调试。

11.3.3　固定橱柜的制作安装应符合下列规定。

(1) 根据设计要求与地面及顶棚标高，确定橱柜的平面位置和标高。

(2) 制作木框架时，整体立面应垂直，平面应水平，框架交接处应做榫连接，并应涂刷木工乳胶。

(3) 侧板、底板、面板应用扁头钉与框架固定牢固，钉帽应做防腐处理。

(4) 抽屉应采用燕尾榫连接，安装时应配置抽屉滑轨。

(5) 五金件可先安装就位，上油漆之前将其拆除。五金件安装应整齐、牢固。

11.3.4　扶手、护栏的制作安装应符合下列规定。

(1) 木扶手与弯头的接头要在下部连接牢固，木扶手的宽度或厚度超过70mm时，其接头应加强黏结。

(2) 扶手与垂直杆件连接牢固，紧固件不得外露。

(3) 整体弯头制作前应做足尺样板，按样板画线。弯头黏结时，温度不宜低于5℃。弯头下部应与栏杆扁钢结合紧密、牢固。

(4) 木扶手弯头加工成形应刨光，弯曲应自然，表面应磨光。

(5) 金属扶手、护栏垂直杆件与预埋件连接应牢固、垂直，如焊接，则表面应打磨抛光。

(6) 玻璃栏板应使用夹层玻璃或安全玻璃。

11.3.5　花饰的制作安装应符合下列规定。

(1) 装饰线安装的基层必须平整、坚实，装饰线不得随基层起伏。

(2) 装饰线、件的安装应根据不同基层，采用相应的连接方式。

(3) 木(竹)质装饰线、件的接口应拼对花纹，拐弯接口应齐整无缝，同一种房间的颜色应一致，封口压边条与装饰线、件应连接紧密牢固。

(4) 石膏装饰线、件安装的基层应干燥，石膏线与基层连接的水平线和定位线的位置、距离应一致，接缝应45°角拼接。当使用螺钉固定花件时，应用电钻打孔，螺钉钉头应沉入孔内，螺钉应做防锈处理；当使用胶黏剂固定花件时，应选用短时间固化的胶黏材料。

(5) 金属类装饰线、装饰件安装前应做防腐处理。基层应干燥、坚实。铆接、焊接或紧固件连接时，紧固件位置应整齐，焊接点应在隐蔽处，焊接表面应无毛刺。刷漆前应去除氧化层。

12　墙面铺装工程

12.1　一般规定

12.1.1　本章适用于石材、墙面砖、木材、织物、壁纸等材料的住宅墙面铺贴安装工程施工。

12.1.2　墙面铺装工程应在墙面隐蔽及抹灰工程、吊顶工程已完成并经验收后进行。当墙体有防水要求时，应对防水工程进行验收。

12.1.3　采用湿作业法铺贴的天然石材应作防碱处理。

12.1.4　在防水层上粘贴饰面砖时，黏结材料应与防水材料的性能相容。

12.1.5　墙面面层应有足够的强度，其表面质量应符合国家现行标准的有关规定。

12.1.6　湿作业施工现场环境温度宜在5℃以上；裱糊时空气相对湿度不得大于85%，应防止湿度及温度剧烈变化。

12.2　主要材料质量要求

12.2.1　石材的品种、规格应符合设计要求，天然石材表面不得有隐伤、风化等缺陷。

12.2.2　墙面砖的品种、规格应符合设计要求，并应有产品合格证书。

12.2.3　木材的品种、质量等级应符合设计要求，含水率应符合国家现行标准的有关要求。

12.2.4　织物、壁纸、胶黏剂等应符合设计要求，并应有性能检测报告和产品合格证书。

12.3　施工要点

12.3.1　墙面砖铺贴应符合下列规定。

(1) 墙面砖铺贴前应进行挑选，并应浸水2h以上，晾干表面水分。

(2) 铺贴前应进行放线定位和排砖，非整砖应排放在次要部位或阴角处。每面墙不宜有两列非整砖，非整砖宽度不宜小于整砖的1/3。

(3) 铺贴前应确定水平及竖向标志，垫好底尺，挂线铺贴。墙面砖表面应平整，接缝应平直，缝宽应均匀一致。阴角砖应压向正确，阳角线宜做成45°角对接，在墙面凸出物处，应整砖套割吻合，不得用非整砖拼凑铺贴。

(4) 结合砂浆宜采用1：2的水泥砂浆，砂浆厚度宜为6～10mm。水泥砂浆应满铺在墙砖背面，一面墙不宜一次铺贴到顶，以防塌落。

12.3.2　墙面石材铺装应符合下列规定。

(1) 墙面石材铺贴前应进行挑选，并应按设计要求进行预拼。

(2) 强度较低或较薄的石材应在背面粘贴玻璃纤维网布。

(3) 当采用湿作业法施工时，固定石材的钢筋网应与预埋件连接牢固。每块石材与钢筋网拉接点不得少于4个。拉接用金属丝应具有防锈性能。灌注砂浆前应将石材背面及基层润湿，并应用填缝材料临时封闭石材板缝，避免漏浆。灌注砂浆宜用1：2.5水泥砂浆，灌注时应分层进行，每层灌注高度宜为150～200mm，且不超过板高的1/3，插捣应密实。待其初凝后方可灌注上层水泥砂浆。

(4) 当采用粘贴法施工时，基层处理应平整但不应压光。胶黏剂的配合比应符合产品说明书的要求。胶液应均匀、饱满地刷抹在基层和石材背面，石材就位时应准确，并应立即挤紧、找平、找正，进行顶、卡固定。溢出胶液应随时清除。

12.3.3　木装饰装修墙制作安装应符合下列规定。

(1) 制作安装前应检查基层的垂直度和平整度，有防潮要求的应进行防潮处理。

(2) 按设计要求弹出标高、竖向控制线、分格线。打孔安装木砖或木楔，深度应不小于40mm，木砖或木楔应做防腐处理。

(3) 龙骨间距应符合设计要求。当设计无要求时，横向间距宜为300mm，竖向间距宜为400mm。龙骨与木砖或木楔连接应牢固。龙骨本质基层板应进行防火处理。

(4) 饰面板安装前应进行选配，颜色、木纹对接应自然谐调。

(5) 饰面板固定应采用射钉或胶黏结，接缝应在龙骨上，接缝应平整。

(6) 镶接式木装饰墙可用射钉从凹样边倾斜射入。安装第一块时必须校对竖向控制线。

(7) 安装封边收口线条时应用射钉固定，钉的位置应在线条的凹槽处或背视线的一侧。

12.3.4　软包墙面制作安装应符合下列规定。

(1) 软包墙面所用填充材料、纺织面料和龙骨、木基层板等均应进行防火处理。

(2) 墙面防潮处理应均匀涂刷一层清油或满铺油纸。不得用沥青油毡做防潮层。

(3) 木龙骨宜采用凹槽榫工艺预制，可整体或分片安装，与墙体连接应紧密、牢固。

(4) 填充材料制作尺寸应正确，棱角应方正，应与木基层板黏结紧密。

(5) 织物面料裁剪时经纬应顺直。安装应紧贴墙面，接缝应严密，花纹应吻合，无波纹起伏、翘边和褶皱，表面应清洁。

(6) 软包布面与压线条、贴脸线、踢脚板、电气盒等交接处应严密、顺直、无毛边。电气盒盖等开洞处，套割尺寸应准确。

12.3.5 墙面裱糊应符合下列规定。

(1) 基层表面应平整，不得有粉化、起皮、裂缝和凸出物，色泽应一致。有防潮要求的应进行防潮处理。

(2) 裱糊前应按壁纸及墙布的品种、花色、规格进行选配。拼花、裁切、编号、裱糊时应按编号顺序粘贴。

(3) 墙面应采用整幅裱糊，先垂直面后水平面，先细部后大面，先保证垂直后对花拼缝，垂直面是先上后下，先长墙面后短墙面，水平面是先高后低。阴角处接缝应搭接，阳角处应包角不得有接缝。

(4) 聚氯乙烯塑料壁纸裱糊前应先将壁纸用水润湿数分钟，墙面裱糊时应在基层表面涂刷胶黏剂，顶棚裱糊时，基层和壁纸背面均应涂刷胶黏剂。

(5) 复合壁纸不得浸水，裱糊前应先在壁纸背面涂刷胶黏剂，放置数分钟，裱糊时，基层表面应涂刷胶黏剂。

(6) 纺织纤维壁纸不宜在水中浸泡，裱糊前宜用湿布清洁背面。

(7) 带背胶的壁纸裱糊前应在水中浸泡数分钟。裱糊顶棚时应涂刷一层稀释的胶黏剂。

(8) 金属壁纸裱糊前应浸水1～2min，阴干5～8min后在其背面刷胶。刷胶应使用专用的壁纸粉胶，一边刷胶，一边将刷过胶的部分，向上卷在发泡壁纸卷上。

(9) 玻璃纤维基材壁纸、无纺墙布无须进行浸润。应选用黏结强度较高的胶黏剂，裱糊前应在基层表面涂胶，墙布背面不涂胶。玻璃纤维墙布裱糊对花时不得横拉斜扯以免变形脱落。

(10) 开关、插座等突出墙面的电气盒，裱糊前应先卸去盒盖。

13 涂饰工程

13.1 一般规定

13.1.1 本章适用于住宅内部水性涂料、溶剂型涂料和美术涂饰的涂饰工程施工。

13.1.2 涂饰工程应在抹灰、吊顶、细部、地面及电气工程等已完成并验收合格后进行。

13.1.3 涂饰工程应优先采用绿色环保产品。

13.1.4 混凝土或抹灰基层涂刷溶剂型涂料时，含水率不得大于8%；涂刷水性涂料时，含水率不得大于10%；木质基层含水率不得大于12%。

13.1.5 涂料在使用前应搅拌均匀，并应在规定的时间内用完。

13.1.6 施工现场环境温度宜在5～35℃，并应注意通风换气和防尘。

13.2 主要材料质量要求

13.2.1 涂料的品种、颜色应符合设计要求，并应有产品性能检测报告和产品合格证书。

13.2.2 涂饰工程所用腻子的黏结强度应符合国家现行标准的有关规定。

13.3 施工要点

13.3.1　基层处理应符合下列规定。

(1) 混凝土及水泥砂浆抹灰基层：应满刮腻子、砂纸打光，表面应平整光滑、线角顺直。

(2) 纸面石膏板基层：应按设计要求对板缝、钉眼进行处理后，满刮腻子、砂纸打光。

(3) 清漆木质基层：表面应平整光滑，颜色谐调一致，表面无污染、裂缝、残缺等缺陷。

(4) 调和漆木质基层：表面应平整，无严重污染。

(5) 金属基层：表面应进行除锈和防锈处理。

13.3.2　涂饰施工的一般方法。

(1) 滚涂法：将蘸取漆液的毛辊先按“W”方式运动将涂料大致涂在基层上，然后用不蘸取漆液的毛辊紧贴基层上下、左右来回滚动，使漆液在基层上均匀展开，最后用蘸取漆液的毛辊按一定方向满滚一遍。阴角及上下口宜采用排笔刷涂找齐。

(2) 喷涂法：喷枪压力宜控制在0.4～0.8MPa范围内。喷涂时喷枪与墙面应保持垂直，距离宜在500mm左右，匀速平行移动。两行重叠宽度宜控制在喷涂宽度的1/3。

(3) 刷涂法：应按先左后右、先上后下、先难后易、先边后面的顺序进行。

13.3.3　木质基层涂刷清漆：本质基层上的节疤、松脂部位应用虫胶漆封闭，钉眼处应用油性腻子嵌补。在刮腻子、上色前，应涂刷一遍封闭底漆，然后反复对局部进行拼色和修色，每修完一次，刷一遍中层漆，干后打磨，直至色调谐调统一，再做饰面漆。

13.3.4　木质基层涂刷调和漆：先满刷清油一遍，待其干后用油腻子将钉孔、裂缝、残缺处嵌刮平整，干后打磨光滑，再刷中层和面层油漆。

13.3.5　对泛碱、析盐的基层应先用3%的草酸溶液清洗，然后用清水冲刷干净或在基层上满刷一遍耐碱底漆，待其干后刮腻子，再涂刷面层涂料。

13.3.6　浮雕涂饰的中层涂料应颗粒均匀，用专用塑料辊蘸煤油或水均匀滚压，厚薄一致，待完全干燥固化后，才可进行面层涂饰，面层为水性涂料应采用喷涂，溶剂型涂料应采用刷涂。间隔时间宜在4h以上。

13.3.7　涂料、油漆打磨应待涂膜完全干透后进行，打磨应用力均匀，不得磨透露底。

14　地面铺装工程

14.1　一般规定

14.1.1　本章适用于石材(包括人造石材)、地面砖、实木地板、竹地板、实木复合地板、强化复合地板、地毯等材料的地面面层的铺贴安装工程施工。

14.1.2　地面铺装宜在地面隐蔽工程、吊顶工程、墙面抹灰工程完成并验收后进行。

14.1.3　地面面层应有足够的强度，其表面质量应符合国家现行标准、规范的有关规定。

14.1.4　地面铺装图案及固定方法等应符合设计要求。

14.1.5　天然石材在铺装前应采取防护措施，防止出现污损、泛碱等现象。

14.1.6　湿作业施工现场环境温度宜在5℃以上。

14.2　主要材料质量要求

14.2.1　地面铺装材料的品种、规格、颜色等均应符合设计要求并应有产品合格证书。

14.2.2　地面铺装时所用龙骨、垫木、毛地板等木料的含水率，以及防腐、防蛀、防火处理等均应符合国家现行标准、规范的有关规定。

14.3　施工要点

14.3.1　石材、地面砖铺贴应符合下列规定。

(1) 石材、地面砖铺贴前应浸水润湿。天然石材铺贴前应进行对色、拼花并试拼、编号。

(2) 铺贴前应根据设计要求确定结合层砂浆厚度，拉十字线控制其厚度和石材、地面砖表面平整度。

(3) 结合层砂浆宜采用体积比为1：3的干硬性水泥砂浆，厚度宜高出实铺厚度2～3mm。铺贴前应在水泥砂浆上刷一道水灰比为1：2的素水泥浆或干铺水泥1～2mm后洒水。

(4) 石材、地面砖铺贴时应保持水平就位，用橡皮锤轻击使其与砂浆黏结紧密，同时调整其表面平整度及缝宽。

(5) 铺贴后应及时清理表面，24h后应用1：1的水泥浆灌缝，选择与地面颜色一致的颜料与白水泥拌和均匀后嵌缝。

14.3.2　竹、实木地板铺装应符合下列规定。

(1) 基层平整度误差不得大于5mm。

(2) 铺装前应对基层进行防潮处理，防潮层宜涂刷防水涂料或铺设塑料薄膜。

(3) 铺装前应对地板进行选配，宜将纹理、颜色接近的地板集中使用于一个房间或部位。

(4) 木龙骨应与基层连接牢固，固定点间距不得大于600mm。

(5) 毛地板应与龙骨成30°或45°角铺钉，板缝应为2～3mm，相邻板的接缝应错开。

(6) 在龙骨上直接铺装地板时，主次龙骨的间距应根据地板的长宽模数计算确定，地板接缝应在龙骨的中线上。

(7) 地板钉长度宜为板厚的2.5倍，钉帽应砸扁。固定时应从凹榫边30°角倾斜钉入。硬木地板应先钻孔，孔径应略小于地板钉直径。

(8) 毛地板及地板与墙之间应留有8～10mm的缝隙。

(9) 地板磨光应先刨后磨，磨削应顺木纹方向，磨削总量应控制在0.3mm～0.8mm内。

(10) 单层直铺地板的基层必须平整、无油污。铺贴前应在基层刷一层薄而匀的底胶以提高黏结力。铺贴时基层和地板背面均应刷胶，待不黏手后再进行铺贴。拼板时应用榔头垫木块敲打紧密，板缝不得大于0.3mm。溢出的胶液应及时清理干净。

14.3.3　强化复合地板铺装应符合下列规定。

(1) 防潮垫层应满铺平整，接缝处不得叠压。

(2) 安装第一排时应凹槽面靠墙。地板与墙之间应留有8～10mm的缝隙。

(3) 房间长度或宽度超过8m时，应在适当位置设置伸缩缝。

14.3.4 地毯铺装应符合下列规定。

(1) 地毯对花拼接应按毯面绒毛和织纹走向的同一方向拼接。

(2) 当使用张紧器伸展地毯时，用力方向应呈“V”字形，应由地毯中心向四周展开。

(3) 当使用倒刺板固定地毯时，应沿房间四周将倒刺板与基层固定牢固。

(4) 地毯铺装方向，应是毯面绒毛走向的背光方向。

(5) 满铺地毯，应用扁铲将毯边塞入卡条和墙壁间的间隙中或塞入踢脚下面。

(6) 裁剪楼梯地毯时，长度应留有一定余量，以便在使用中可挪动常磨损的位置。

15 卫生器具及管道安装工程

15.1 一般规定

15.1.1 本章适用于厨房、卫生间的洗涤、洁身等卫生器具的安装以及分户进水阀后给水管段、户内排水管段的管道施工。

15.1.2 卫生器具、各种阀门等应积极采用节水型器具。

15.1.3 各种卫生设备及管道安装均应符合设计要求及国家现行标准、规范的有关规定。

15.2 主要材料质量要求

15.2.1 卫生器具的品种、规格、颜色应符合设计要求并应有产品合格证书。

15.2.2 给排水管材、件应符合设计要求并应有产品合格证书。

15.3 施工要点

15.3.1 各种卫生设备与地面或墙体的连接应用金属固定件安装牢固。金属固定件应进行防腐处理。当墙体为多孔砖墙时，应凿孔填实水泥砂浆后再进行固定件安装。当墙体为轻质隔墙时，应在墙体内设后置埋件，后置埋件应与墙体连接牢固。

15.3.2 各种卫生器具安装的管道连接件应易于拆卸、维修。排水管道连接应采用有橡胶垫片的排水栓。卫生器具与金属固定件的连接表面应安置铅质或橡胶垫片。各种卫生陶瓷类器具不得采用水泥砂浆窝嵌。

15.3.3 各种卫生器具与台面、墙面、地面等接触部位均应采用硅酮胶或防水密封条密封。

15.3.4 各种卫生器具安装验收合格后应采取适当的成品保护措施。

15.3.5 管道敷设应横平竖直，管卡位置及管道坡度等均应符合规范要求。各类阀门安装应位置正确且平正，便于使用和维修。

15.3.6 嵌入墙体、地面的管道应进行防腐处理并用水泥砂浆保护，其厚度应符合下列要求，即墙内冷水管不小于10mm、热水管不小于15mm，嵌入地面的管道不小于10mm。嵌入墙体、地面或暗敷的管道应作隐蔽工程验收。

15.3.7 冷热水管安装应左热右冷，平行间距应不小于200mm。当冷热水供水系统采用分水器供水时，应采用半柔性管材连接。

15.3.8 各种新型管材的安装应按生产企业提供的产品说明书进行施工。

16 电气安装工程

16.1 一般规定

16.1.1 本章适用于住宅单相入户配电箱户表后的室内电路布线及电器、灯具安装。

16.1.2　电气安装施工人员应持证上岗。

16.1.3　配电箱户表应根据室内用电设备的不同功率分别配线供电；大功率家电设备应独立配线安装插座。

16.1.4　配线时，相线与零线的颜色应不同；同一住宅相线(L)颜色应统一，零线(N)宜用蓝色，保护线(PE)必须用黄绿双色线。

16.1.5　电路配管、配线施工及电器、灯具安装除遵守本规定外，尚应符合国家现行有关标准、规范的规定。

16.1.6　工程竣工时应向业主提供电气工程竣工图。

16.2　主要材料质量要求

16.2.1　电器、电料的规格、型号应符合设计要求及国家现行电器产品标准的有关规定。

16.2.2　电器、电料的包装应完好，材料外观不应有破损，附件、备件应齐全。

16.2.3　塑料电线保护管及接线盒必须是阻燃型产品，外观不应有破损及变形。

16.2.4　金属电线保护管及接线盒外观不应有折扁和裂缝，管内应无毛刺，管口应平整。

16.2.5　通信系统使用的终端盒、接线盒与配电系统的开关、插座，宜选用同一系列产品。

16.3　施工要点

16.3.1　应根据用电设备位置，确定管线走向、标高及开关、插座的位置。

16.3.2　电源线配线时，所用导线截面积应满足用电设备的最大输出功率。

16.3.3　暗线敷设必须配管。当管线长度超过15m或有两个直角弯时，应增设拉线盒。

16.3.4　同一回路电线应穿入同一根管内，但管内总根数不应超过8根，电线总截面积(包括绝缘外皮)不应超过管内截面积的40%。

16.3.5　电源线与通信线不得穿入同一根管内。

16.3.6　电源线及插座与电视线及插座的水平间距不应小于500 mm。

16.3.7　电线与暖气、热水、煤气管之间的平行距离不应小于300mm，交叉距离不应小于100mm。

16.3.8　穿入配管导线的接头应设在接线盒内，接头搭接应牢固，绝缘带包缠应均匀紧密。

16.3.9　安装电源插座时，面向插座的左侧应接零线(N)，右侧应接相线(L)，中间上方应接保护线(PE)。

16.3.10　当吊灯自重在3kg及以上时，应先在顶板上安装后置埋件，然后将灯具固定在后置埋件上。严禁安装在木楔、木砖上。

16.3.11　连接开关、螺口灯具的导线时，相线应先接开关，开关引出的相线应接在灯中心的端子上，零线应接在螺纹的端子上。

16.3.12　导线间和导线对地间电阻必须大于0.5MΩ。

16.3.13　同一室内的电源、电话、电视等插座面板应在同一水平标高上，高差应小于5mm。

16.3.14　厨房、卫生间应安装防溅插座，开关宜安装在门外开启侧的墙体上。

16.3.15　电源插座底边距地宜为300mm，平开关板底边距地宜为1400mm。

附录 A 本规范用词说明

A.0.1 为便于在执行本规范条文时区别对待，对要求严格程度不同的用词，说明如下。

(1) 表示很严格，非这样做不可的用词：

正面词采用“必须”“只能”；

反面词采用“严禁”。

(2) 表示严格，在正常情况下均应这样做的用词：

正面词采用“应”；

反面词采用“不应”或“不得”。

(3) 表示允许稍有选择，在条件许可时，首先应这样做的用词：

正面词采用“宜”；

反面词采用“不宜”。

(4) 表示有选择，在一定条件下可以这样做的，采用“可”。

A.0.2 条文中指定按其他有关标准、规范执行时，写法为“应按……执行”或“应符合……的规定”。

参 考 文 献

[1] 吕永中，俞培晃．室内设计原理与实践[M]．北京：高等教育出版社，2008．
[2] 张书鸿．室内设计概论[M]．武汉：华中科技大学出版社，2009．
[3] 尼跃红．室内设计基础[M]．北京：中国纺织出版社，2010．
[4] 陈易．室内设计原理[M]．北京：中国建筑工业出版社，2006．
[5] 戴力农．室内色彩设计[M]．沈阳：辽宁科学技术出版社，2006．
[6] Dopress Books度本策划．世界风尚・室内空间与色彩(B) [M]．武汉：华中科技大学出版社，2010．
[7] 深圳创扬文化传播有限公司．全球新潮住宅盛典[M]．武汉：华中科技大学出版社，2010．
[8] 马澜．室内外手绘表现技法[M]．上海：东华大学出版社，2012．
[9] 郑曙旸．室内设计程序[M]．北京：中国建筑工业出版社，2011．
[10] 冯柯．室内设计原理[M]．北京：北京大学出版社，2010．
[11] 陈思，商雨欣．《室内设计》书籍装帧设计系列一[J]．科技与出版，2019(10)：7．
[12] 李远林．室内设计之国家教学资源库有效教学性探析[J]．大观，2019(11)：154-155．
[13] 理想宅．室内设计实用教程[M]．北京：中国电力出版社，2020．
[14] 卡尔・德拉特尔．室内设计大师课[M]．北京：北京美术摄影出版社，2018．